瓯江流域温州段鱼类图谱

温州市渔业技术推广站
浙江省海洋水产研究所
编著

科学出版社
北京

内 容 简 介

本书按照 Nelson（2006）鱼类分类系统，共收录了瓯江流域温州段的鱼类 90 种（含 1 种变种），隶属于 12 目 32 科 72 属。书中展示了每种鱼类的原色图谱以及各鱼种的分类地位、形态特征、生态习性和分布范围，具有学术性、科普性和观赏性。

本书适合鱼类科研人员、大学相关专业师生、中学生物学教师以及鱼类爱好者参考使用，也可为行政管理部门和渔业执法人员提供参考。

图书在版编目（CIP）数据

瓯江流域温州段鱼类图谱 / 温州市渔业技术推广站，浙江省海洋水产研究所编著．—北京：科学出版社，2018.1
　ISBN 978-7-03-056064-3

Ⅰ．①瓯⋯　Ⅱ．①温⋯　②浙⋯　Ⅲ．①鱼类-温州-图谱　Ⅳ．① Q959.408-64

中国版本图书馆 CIP 数据核字（2017）第 315446 号

责任编辑：沈力匀 / 责任校对：王万红
责任印制：吕春珉 / 封面设计：耕者设计工作室

科学出版社 出版
北京东黄城根北街16号
邮政编码：100717
http://www.sciencep.com

北京中科印刷有限公司印刷
科学出版社发行　各地新华书店经销

*

2018 年 1 月第 一 版　　开本：787×1092　1/16
2019 年 6 月第二次印刷　　印张：13 3/4
字数：380 000

定价：100.00 元
（如有印装质量问题，我社负责调换〈 中科 〉）
销售部电话 010-62136230　编辑部电话 010-62135235

版权所有，侵权必究
举报电话：010-64030229；010-64034315；13501151303

瓯江流域温州段鱼类图谱编写委员会

主　任　陈　坚　王忠明

副主任　李　凯　周永东　蔡继晗

委　员（按姓氏笔画排序）

王忠明　朱文斌　刘连为　刘志坚　李　凯

李振华　李鹏飞　张石天　张亚洲　张洪亮

张锦平　陆秀中　陈　坚　范正利　周永东

胡翠林　徐开达　郭安托　蒋日进　蔡继晗

序

　　温州位于浙江省东南沿海，古称瓯地，唐朝时始称温州，至今已有2000余年的建城历史，是国家历史文化名城。温州的河流水系发达，地形复杂，气候宜人，雨量充沛，集山水海洋之地利，素有"东南山水甲天下"之美誉。独特的地理环境，孕育了丰富的水生生物资源。

　　瓯江是浙江省第二大河流，在温州入海。瓯江流域的鱼类资源十分丰富，历来受到国内外的重视。我国著名学者秉志、寿振黄、伍献文、朱元鼎等以及不少国内外学者都曾做过调查和报道。1949年以后，一大批鱼类学工作者对瓯江的鱼类资源进行了广泛的考察，积累了大量的原始资料，发表了众多的论文和专著。为了保护自然环境，近年来浙江省开展了"五水共治"行动，对水生生物资源的调查和保护工作日益重视，温州市也进行了瓯江等水域的渔业资源调查。尽管前人已经有了很多研究成果，但是由于种种原因，始终缺乏一本直观生动的、适合不同层次需要的、有关瓯江鱼类的图谱。

　　本图谱的作者历时两年对瓯江流域温州段的鱼类进行了深入的调查，结合野外调查的结果，整理了包括溪流、河口及洄游型在内的 90 种鱼类的资料，描述了各个鱼种的分类地位、形态特征和生态习性，所拍摄的鱼类照片栩栩如生，直观而生动地展现了各种鱼类的外貌特征，具有学术性、科普性和观赏性，适合鱼类科研人员、大学相关专业师生、中学生物学教师以及鱼类爱好者参考使用，也可为行政管理部门和渔业执法人员提供参考。

浙江海洋大学教授

2017 年 8 月 16 日

前 言

瓯江位于浙江省南部,干流全长384公里,流域面积18 100平方公里,年均径流量202.7亿 m³,是浙江省第二大水系。瓯江主源龙泉溪发源于龙泉市与庆元县交界的百山祖西北麓锅帽尖,自西向东流经丽水、温州等市,至青田县与小溪汇合之后才称瓯江,经温州市到温州湾流入东海。瓯江流域在温州市境内的面积约占流域总面积的22%,包括瓯江干流、菇溪、西溪、戍浦江、楠溪江、乌牛溪、百石溪和温瑞塘河、永强塘河、柳市塘河等水系。

瓯江流域的地形复杂多样,地处亚热带季风气候区,温暖湿润,四季分明,光照充足,雨量充沛,蕴藏着丰富的鱼类资源。根据《浙江动物志·淡水鱼类》的记录,瓯江共有鱼类114种。由于经济和社会的快速发展、人类活动的加剧,已经深刻地影响了瓯江流域的环境和水生生物尤其是鱼类的生长,有些历史记录种现在已经十分罕见,甚至绝迹(如鲥鱼)。为切实掌握瓯江流域温州段的渔业资源状况,更好地保护渔业资源,在浙江省温州市科技局公益性农业科技项目的支持下,温州市渔业技术推广站联合浙江省海洋水产研究所,于2015—2016

年对瓯江流域温州段的鱼类资源开展调查，采集了大量的鱼类标本并拍摄了各个鱼种的原色照片，成为编写本书的基础素材。

本书的鱼类品种主要按照 Nelson（2006）的分类系统，并结合国内鱼类分类系统的研究成果加以补充。根据调查结果，共收录了瓯江流域温州段的鱼类 90 种（含 1 种变种），隶属于 12 目 32 科 72 属。其中，鲤形目 40 种，以鲤科 34 种居多，主要分布在纯淡水水域；鲈形目 21 种，多数分布在感潮河段，部分为溯河的海洋鱼类。书中系统地展示了每种鱼类的原色图谱，大多数为活体照片，同时也简单介绍了各鱼种的分类地位、形态特征、生态习性和分布范围。

部分鱼类标本的鉴定得到集美大学康斌教授、安徽师范大学严云志教授和研究生张东、朱仁，台湾的林弘都博士，以及两江中国原生论坛的鱼类专家和爱好者的协助；云南大学的黄晓霞教授绘制了高分辨率的采样站位地图，谨此一并表示衷心的感谢！浙江海洋大学的赵盛龙教授对本书文稿进行审核并提出了宝贵的意见，同时为本书作序，在此特致谢忱。

由于作者水平有限，书中若有错误和不妥之处，敬请专家和读者不吝指正。

编著者

2017 年 12 月

目 录

海鲢目 Elopiformes

大海鲢科 Megalopidae ······ 002
1. 大海鲢 *Megalops cyprinoides* (Broussonet) ······ 002

鳗鲡目 Anguilliformes

蛇鳗科 Ophichthidae ······ 006
2. 食蟹豆齿鳗 *Pisodonophis cancrivorus* (Richardson) ······ 006

鳗鲡科 Anguillidae ······ 008
3. 日本鳗鲡 *Anguilla japonica* Temminck & Schlegel ······ 008
4. 花鳗鲡 *Anguilla marmorata* Quoy & Gaimard ······ 010

鲱形目 Clupeiformes

鳀科 Engraulidae ······ 014
5. 凤鲚 *Coilia mystus* (Linnaeus) ······ 014
6. 刀鲚 *Coilia nasus* Temminck & Schlegel ······ 016

鲱科 Clupeidae ······ 018
7. 斑鰶 *Konosirus punctatus* (Temminck & Schlegel) ···· 018

8. 鲥 *Tenualosa reevesii* (Richardson)·········· 020

◆ 鲤形目 Cypriniformes

鲤科 Cyprinidae ························· 024

9. 宽鳍鱲 *Zacco platypus* (Temminck & Schlegel)······ 024
10. 马口鱼 *Opsariichthys bidens* Günther·········· 026
11. 青鱼 *Mylopharyngodon piceus* (Richardson)········ 028
12. 草鱼 *Ctenopharyngodon idella* (Valenciennes)····· 030
13. 赤眼鳟 *Squaliobarbus curriculus* (Richardson)····· 032
14. 大眼华鳊 *Sinibrama macrops* (Günther)··········· 034
15. 寡鳞飘鱼 *Pseudolaubuca engraulis* (Nichols)········ 036
16. 鳘 *Hemiculter leucisculus* (Basilewsky)·········· 038
17. 油鳘 *Hemiculter bleekeri* Warpachowsky·········· 040
18. 南方拟鳘 *Pseudohemiculter dispar* (Peters)······· 042
19. 红鳍鲌 *Chanodichthys erythropterus* (Basilewsky) ························· 044
20. 达氏红鳍鲌 *Chanodichthys dabryi* (Bleeker)········ 046
21. 翘嘴鲌 *Culter alburnus* Basilewsky··········· 048
22. 鳊 *Megalobrama skolkovii* Dybowski·········· 050
23. 大鳞鲷 *Xenocypris macrolepis* Bleeker ·········· 052
24. 黄尾鲷 *Xenocypris davidi* Bleeker ············ 054
25. 圆吻鲴 *Distoechodon tumirostris* Peters ·········· 056
26. 鳙 *Hypophthalmichthys nobilis* (Richardson)········ 058
27. 鲢 *Hypophthalmichthys molitrix* (Valenciennes) ···· 060
28. 唇鳎 *Hemibarbus labeo* (Pallas) ············ 062
29. 花鳎 *Hemibarbus maculatus* Bleeker ··········· 064
30. 似鳎 *Belligobio nummifer* (Boulenger) ·········· 066
31. 麦穗鱼 *Pseudorasbora parva* (Temminck & Schlegel) ························· 068
32. 小鳈 *Sarcocheilichthys parvus* Nichols ·········· 070
33. 细纹颌须鉤 *Gnathopogon taeniellus* (Nichols) ······· 072
34. 银鉤 *Squalidus argentatus* (Sauvage & Dabry) ····· 074
35. 棒花鱼 *Abbottina rivularis* (Basilewsky)··········· 076
36. 兴凯鱊 *Acheilognathus chankaensis* (Dybowski)···· 078
37. 高体鳑鲏 *Rhodeus ocellatus* (Kner) ············ 080
38. 光倒刺鲃 *Spinibarbus caldwelli* (Nichols) ········· 082

39. 温州光唇鱼 *Acrossocheilus wenchowensis* Wang ···· 084
40. 台湾白甲鱼 *Onychostoma barbatulum* (Pellegrin)···· 086
41. 鲤 *Cyprinus carpio* Linnaeus ································ 088
42. 瓯江彩鲤 *Cyprinus carpio* var. color···················· 090
43. 鲫 *Carassius auratus* (Linnaeus)························ 092

鳅科 Cobitidae ·· 094
44. 中华花鳅 *Cobitis sinensis* Sauvage & Dabry········ 094
45. 泥鳅 *Misgurnus anguillicaudatus* (Cantor)··········· 096
46. 大鳞副泥鳅 *Paramisgurnus dabryanus* Dabry de Thiersant·· 098

爬鳅科 Balitoridae ·· 100
47. 原缨口鳅 *Vanmanenia stenosoma* (Boulenger)······ 100
48. 纵纹原缨口鳅 *Vanmanenia caldwelli* (Nichols)······· 102
49. 拟腹吸鳅 *Pseudogastromyzon fasciatus* (Sauvage)··· 104

◆◀ 鲇形目 Siluriformes

鲇科 Siluridae ·· 108
50. 鲇 *Silurus asotus* Linnaeus ······························· 108

鲿科 Bagridae ·· 110
51. 黄颡鱼 *Tachysurus fulvidraco* (Richardson)·········· 110
52. 光泽黄颡鱼 *Tachysurus nitidus* (Sauvage & Dabry de Thiersant)······································· 112
53. 盎堂拟鲿 *Pseudobagrus ondon* Shaw················· 114
54. 条纹拟鲿 *Pseudobagrus taeniatus* (Günther)········ 116
55. 切尾拟鲿 *Pseudobagrus truncatus* (Regan)·········· 118
56. 白边拟鲿 *Pseudobagrus albomarginatus* (Rendahl)·· 120

海鲇科 Ariidae ·· 122
57. 丝鳍海鲇 *Arius arius* (Hamilton)························· 122

◆◀ 胡瓜鱼目 Osmeriformes

香鱼科 Plecoglossidae ·· 126
58. 香鱼 *Plecoglossus altivelis* (Temminck & Schlegel)·· 126

银鱼科 Salangidae·· 128

59. 中国大银鱼 *Protosalanx chinensis* (Basilewsky) ······ 128

◆◀ 仙女鱼目 Aulopiformes

狗母鱼科 Synodontidae ······ 132

60. 龙头鱼 *Harpadon nehereus* (Hamilton) ······ 132

◆◀ 鲻形目 Mugiliformes

鲻科 Mugilidae ······ 136

61. 鲻 *Mugil cephalus* Linnaeus ······ 136

62. 鮻 *Liza haematocheila* (Temminck & Schlegel) ······ 138

63. 棱鮻 *Liza carinata* (Valenciennes) ······ 140

◆◀ 颌针鱼目 Beloniformes

鱵科 Hemiramphidae ······ 144

64. 间下鱵 *Hyporhamphus intermedius* (Cantor) ······ 144

◆◀ 合鳃目 Synbranchiformes

合鳃科 Synbranchidae ······ 148

65. 黄鳝 *Monopterus albus* (Zuiew) ······ 148

◆◀ 鲈形目 Perciformes

花鲈科 Lateolabracidae ······ 152

66. 中国花鲈 *Lateolabrax maculatus* (McClelland) ······ 152

真鲈科 Percichthyidae ······ 154

67. 斑鳜 *Siniperca scherzeri* Steindachner ······ 154

鲹科 Carangidae ······ 156

68. 六带鲹 *Caranx sexfasciatus* Quoy & Gaimard ······ 156

鲷科 Sparidae ······ 158

69. 黄鳍棘鲷 *Acanthopagrus latus* (Houttuyn) ······ 158

马鲅科 Polynemidae ······ 160

70. 四指马鲅 *Eleutheronema tetradactylum* (Shaw) ······ 160

石首鱼科 Sciaenidae ······ 162

71. 黄姑鱼 *Nibea albiflora* (Richardson) ······ 162

鱼舵科 Kyphosidae ······ 164

72. 尖突吻鯻 *Rhynchopelates oxyrhynchus* (Temminck & Schlegel) ······ 164

鲔科 Callionymidae ·············· 166

73. 香鲔 *Repomucenus olidus* (Günther) ·············· 166

塘鳢科 Eleotridae ·············· 168

74. 河川沙塘鳢 *Odontobutis potamophilus* (Günther) ·· 168

75. 尖头塘鳢 *Eleotris oxycephala* Temminck & Schlegel ·············· 170

虾虎鱼科 Gobiidae ·············· 172

76. 舌虾虎鱼 *Glossogobius giuris* (Hamilton) ·············· 172

77. 髭缟虾虎鱼 *Tridentiger barbatus* (Günther) ·············· 174

78. 双带缟虾虎鱼 *Tridentiger bifasciatus* Steindachner ·············· 176

79. 大弹涂鱼 *Boleophthalmus pectinirostris* (Linnaeus) ·············· 178

80. 斑尾刺虾虎鱼 *Acanthogobius ommaturus* (Richardson) ·············· 180

81. 子陵吻虾虎鱼 *Rhinogobius giurinus* (Rutter) ·············· 182

82. 拉氏狼牙虾虎鱼 *Odontamblyopus lacepedii* (Temminck & Schlegel) ·············· 184

金钱鱼科 Scatophagidae ·············· 186

83. 金钱鱼 *Scatophagus argus* (Linnaeus) ·············· 186

蓝子鱼科 Siganidae ·············· 188

84. 褐蓝子鱼 *Siganus fuscescens* (Houttuyn) ·············· 188

丝足鲈科 Osphronemidae ·············· 190

85. 叉尾斗鱼 *Macropodus opercularis* (Linnaeus) ·············· 190

鳢科 Channidae ·············· 192

86. 乌鳢 *Channa argus* (Cantor) ·············· 192

◆ 鲽形目 Pleuronectiformes

舌鳎科 Cynoglossidae ·············· 196

87. 斑头舌鳎 *Cynoglossus puncticeps* (Richardson) ·· 196

88. 短吻红舌鳎 *Cynoglossus joyneri* Günther ·············· 198

89. 窄体舌鳎 *Cynoglossus gracilis* Günther ·············· 200

90. 短吻三线舌鳎 *Cynoglossus abbreviatus* (Gray) ·············· 202

主要参考文献 ·············· 204

海鰱目

Elopiformes

大海鲢科 Megalopidae

1. 大海鲢

Megalops cyprinoides (Broussonet)

学　　名：*Megalops cyprinoides*（Broussonet，1782）

俗　　名：梭鱼、大眼海鲢

分类地位：海鲢目 Elopiformes　大海鲢科 Megalopidae　大海鲢属 *Megalops*

形态特征： 体延长，侧扁，腹部窄，无棱鳞。头大，头部腹面具长条形喉板。眼大，侧上位。口上翘，下颌向前突出。上颌骨延伸达眼后缘下方。上下颌、犁骨、腭骨、翼骨和舌上皆具绒毛状齿。鳃孔大，鳃耙细长。体被大圆鳞，排列整齐，不易脱落；侧线平直，侧线鳞约42个。各鳍无棘，胸鳍、腹鳍基部具腋鳞，背鳍最后鳍条呈丝状延长。尾鳍深叉形。体背部蓝绿色，体侧银白色，各鳍淡黄色，背鳍、尾鳍边缘以及胸鳍末端散有小黑点。

生态习性： 暖水性近海中上层鱼类，体长通常在70—263mm。主要栖息于热带和亚热带海区，有时进入河口淡水，以小型鱼类及虾类为食。本种幼鱼有变态，体长10—20mm时呈柳叶状，全身透明。成鱼游速快，善跳跃，是著名的游钓鱼类，上钩时挣扎力度很大。肉可食用，但肉质欠佳。

分　　布： 温州偶见于瓯江口及下游的通江支流。我国东海南部、台湾海域及南海均有分布。国外广泛分布于印度-西太平洋海域，自非洲东海岸向东至美拉尼西亚，南起澳大利亚，北至韩国海域。

鰻鱺目

Anguilliformes

蛇鳗科 Ophichthidae

2. 食蟹豆齿鳗

Pisodonophis cancrivorus (Richardson)

学　　名：*Pisodonophis cancrivorus*（Richardson，1848）

俗　　名：豆齿鳗、帆鳍鳗

分类地位：鳗鲡目 Anguilliformes　蛇鳗科 Ophichthidae

豆齿鳗属 *Pisodonophis*

（自 Fishbase）

形态特征： 体细长，躯干部圆柱形，尾部稍侧扁。头中小，略呈锥形。吻短，钝尖。眼较小。鼻孔2个，分离，前鼻孔短管状，近吻端腹缘，后鼻孔具皮瓣，位近眼前缘下方；两鼻孔间具1—2个皮质凸起，后鼻孔后方具1个尖形皮质凸起。口裂伸达眼后方，无唇须。齿颗粒状，上、下颌3—4行，排列呈不规则齿带；前颌骨齿与犁骨齿相连续；犁骨齿3—5行，排列呈齿带。鳃孔裂缝状。体无鳞，皮肤光滑，侧线孔明显。背鳍和臀鳍均较发达，止于尾端稍前方，不相连续。背鳍起点在胸鳍中部的上方或稍前，胸鳍发达，无尾鳍，尾端尖秃。

生态习性： 暖水性近岸底层鱼类，常见全长700mm以下。生活于10—30m水深泥砂质海底，有时进入河口或淡水区域。以底栖性贝类、甲壳类为食。

分　　布： 温州偶见于瓯江河口。我国东、南沿海都有分布。国外分布于印度洋非洲东岸，东到澳大利亚，北到日本。

鳗鲡科 Anguillidae

3. 日本鳗鲡

Anguilla japonica Temminck & Schlegel

学　　名：*Anguilla japonica* Temminck & Schlegel, 1846

俗　　名：河鳗、雪鳗、鳗鱼

分类地位：鳗鲡目 Anguilliformes　鳗鲡科 Anguillidae
　　　　　鳗鲡属 *Anguilla*

形态特征： 体延长，前部近圆筒形，后部稍侧扁。头长而尖。口大，端位，斜裂，后端超过眼后缘。两颌及犁骨均具细齿。舌钝尖，游离。眼较小，位于口角上方。鳃孔小，位于胸鳍基部下方。背鳍、臀鳍低而长，均与尾鳍相连，无腹鳍。肛门位于体的前半部。体被细长小鳞，呈席状，埋于皮下；侧线孔明显。体表光滑而富黏液。体背部暗褐色，腹部灰白色，无斑点。

生态习性： 海、淡水洄游性鱼类。常见全长 400—730mm，最大记载可达 1.5m。自幼鳗开始入河生长，栖息于江河、湖泊、水库和静水池塘合适的石缝、土穴中，昼伏夜出，以小型鱼类及虾、蟹、田螺、沙蚕等水生动物为食。雌鳗 5—8 龄后开始出现性腺，于秋末冬初，偕同河口生活的雄鳗一起入海。入海洄游过程中性腺逐渐成熟，在外海的某一深处产卵。繁殖后亲体随即死亡，幼鳗则由外海逐渐向河口浮游，继而溯河进入江河或通江湖泊，而雄鳗则通常留在河口生活。

分　　布： 温州见于瓯江下游及通江支流。我国沿海地区均有分布。国外见于朝鲜、日本等地。

4. 花鳗鲡

Anguilla marmorata Quoy & Gaimard

学　名：	*Anguilla marmorata* Quoy & Gaimard, 1824	分类地位：	鳗鲡目 Anguilliformes
俗　名：	花鳗		鳗鲡科 Anguillidae
			鳗鲡属 *Anguilla*

（自 Fishbase）

形态特征： 体延长，粗壮，前部呈圆筒状，后部稍侧扁。头较大，前部圆钝。吻钝圆，眼较小，侧上位。鼻孔每侧2个，分离，前鼻孔位于吻端两侧；后鼻孔椭圆形，位于眼前缘。口宽大，口裂伸达眼的远后下方，下颌稍突出，上、下颌及犁骨上均有细齿。舌钝尖、游离。鳃孔中大，近垂直，位于胸鳍基部前下方。背鳍、臀鳍均低而延长，并与尾鳍相连。背鳍起点在鳃孔后上方，胸鳍较短，近圆形，紧贴于鳃孔之后。无腹鳍。肛门靠近臀鳍的起点。体被细长小鳞，呈席状，埋于皮下；侧线孔明显。体表光滑而富黏液。体背部灰褐色，侧面为灰黄色，腹部灰白色。胸鳍边缘黄色，全身及各个鳍上均有不规则的灰黑色块状斑点。

生态习性： 为海、淡水洄游性鱼类，体长通常为400—600mm，最大记载可达1.5m，也有记载最大体重可达30—35kg。成体生活于沿海江河干支流的上游，常栖息于山洞、溪流和水库的乱石洞穴中，多在夜间活动。性凶猛，除了鱼类、甲壳类，还以蛙类、蛇类、鸟禽类、动物尸体以及河边刺竹笋等为食。

分　　布： 温州见于瓯江中、下游及支流。我国浙江以南沿海地区及江河的干、支流中都有分布。国外分布于东非至波利尼西亚，向北分布到日本南部。

鯡形目

Clupeiformes

鳀科 Engraulidae

5. 凤鲚

Coilia mystus (Linnaeus)

学　　名：*Coilia mystus*（Linnaeus，1758）

俗　　名：凤尾鱼、烤子鱼

分类地位：鲱形目 Clupeiformes　鳀科 Engraulidae　鲚属 *Coilia*

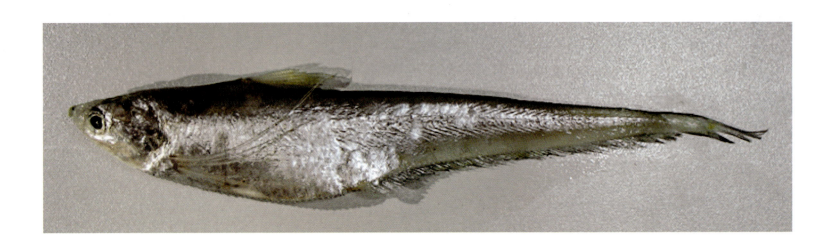

形态特征：体延长，甚侧扁，前部高，向后渐低，呈尖刀状。腹部具棱鳞13-20＋24-29。吻短，钝尖。眼中大，近吻端；鼻孔每侧2个。口大，下位，斜裂，上颌骨后延伸达胸鳍基底。下缘具细锯齿。上下颌、犁骨、腭骨及舌上均具绒毛状细齿。体被小圆鳞，纵列鳞58—67行，无侧线。背鳍位于体前部1/4处，起点稍后于腹鳍起点，起点前方具1枚小棘。臀鳍基底甚长，鳍条73—86枚，最后鳍条与尾鳍相连。胸鳍下侧位，上部有6枚延长的游离鳍条，尖端伸达臀鳍起点。腹鳍小，起点与背鳍起点约相对。尾鳍短小，上下叶不对称。体背灰黄色，体侧和腹侧银白色。吻端和各鳍条均呈黄色，鳍边缘黑色，体背淡绿色。

生态习性：为河口洄游性鱼类，常见体长为113—198mm。平时栖息于浅海，每年春夏季（4—6月）由浅海洄游至河口咸淡水区产卵，产卵后的亲鱼通常在7月下旬陆续回到海中生活。孵化后的仔鱼则先在河口深水处肥育，入冬前陆续回到海中，直至翌年性成熟。以小型浮游甲壳动物为食。

分　　布：温州见于瓯江河口及下游支流。国内分布于东部和南部近海海域。国外见于印度洋北部沿海、朝鲜、日本、印度尼西亚等。

6. 刀鲚

Coilia nasus Temminck & Schlegel

学　　名：*Coilia nasus* Temminck & Schlegel, 1846	分类地位：鲱形目 Clupeiformes
俗　　名：刀鱼	鳀科 Engraulidae
	鲚属 *Coilia*

形态特征： 体延长，侧扁，向后渐细尖，形似尖刀，故名。腹部具棱鳞18-22＋27-34。头中大，吻圆钝。眼小。鼻孔每侧2个，近眼前缘。口大，下位，上颌甚长，伸达胸鳍基部，下缘具细锯齿。背鳍起点稍后于腹鳍起点。臀鳍基部甚长，鳍条95—123枚，后延与尾鳍相连；胸鳍下侧位，上部有6枚丝状延长的游离鳍条；腹鳍小，位于背鳍下方稍前。尾鳍短小，上下叶不对称。体被大而薄的圆鳞，无侧线。头部、体背部呈灰黑色，其余体部银白色。

生态习性： 河口洄游性鱼类，体长一般为185—359mm，最大可达410mm。平时生活近海及河口，生殖季节由河口区进入淡水区，沿干流上溯至江河中游产卵场产卵。产卵后亲鱼分散在淡水中摄食，并陆续降河至河口及近海，继续肥育。幼鱼也顺水洄游至河口区肥育。以桡足类、枝角类、轮虫等浮游动物为食。

分　　布： 温州见于瓯江河口及下游支流。我国南、北沿海均有分布。国外分布于日本、朝鲜。

鲱科 Clupeidae

7. 斑鰶

Konosirus punctatus (Temminck & Schlegel)

学　　名：*Konosirus punctatus*（Temminck & Schlegel，1846）
俗　　名：小鲥鱼、黄流鱼、鼓眼
分类地位：鲱形目 Clupeiformes　鲱科 Clupeidae　鰶属 *Konosirus*

形态特征： 体长椭圆形，侧扁稍高，背腹窄而尖，腹部具棱鳞 19＋14-15。口小，亚前位，上颌长于下颌，向后延伸达眼中部下方，上颌中央无显著缺刻，上下颌均无齿。眼中大，上侧位，位于头前部，眼间隔突出。鼻孔每侧 2 个，近吻端。背鳍位于体中部，起点在腹鳍起点稍前上方，最后 1 枚鳍条延长成丝状，向后伸达臀鳍最后鳍条末端上方。臀鳍基部长于背鳍基部。胸鳍下侧位，鳍端伸越背鳍起点下方，尾鳍分叉。体被小圆鳞，纵列鳞 52—58 行。体背部青绿色，体侧下方和腹部银白色，鳃盖后上方有 1 个大黑斑。背鳍和臀鳍呈淡黄色。胸鳍和尾鳍为黄色。

生态习性： 为暖水性近海中上层鱼类，常见体长为 132—228mm，记载最大体长可达 320mm。常群居于沿海港湾和河口附近。适盐范围较广。食性广，以底栖生物、浮游动植物为食。本种含脂肪多，肉质鲜美，可与鲥鱼堪比，故东、南沿海均称之为"小鲥鱼"。

分　　布： 温州见于瓯江河口。我国沿海均有分布。国外分布于印度洋至东印度群岛和朝鲜及日本南部。

8. 鲥

Tenualosa reevesii (Richardson)

学　　名：*Tenualosa reevesii*（Richardson, 1846）	分类地位：鲱形目 Clupeiformes　鲱科 Clupeidae
俗　　名：鲥鱼、客鱼、箭鱼	鲥属 *Tenualosa*

形态特征： 体长椭圆形，甚侧扁，腹部具棱鳞 17＋14-15。头中大，吻钝尖。眼中大，眼间隔突出，脂眼睑发达。口小，端位，口裂伸达眼中部下方；上颌正中有 1 个缺刻，与下颌正中的凸起相吻合；上、下颌无齿。鳃孔大，鳃耙细长且密。体被圆鳞，大而薄，无侧线，纵列鳞 41—47 行，鳞前部具 2—4 条连续沟，头部光滑无鳞。胸鳍、腹鳍基部具腋鳞。背鳍位于体中部稍前，起点距吻端较距尾鳍基为近。臀鳍起点在腹鳍基底与尾鳍中间。胸鳍下侧位。腹鳍小，尾鳍分叉。体背部灰黑色，略带蓝绿色光泽，体侧及腹部银白色；腹鳍、臀鳍灰白色，其他各鳍暗蓝色。

生态习性： 为溯河产卵洄游性鱼类，因每年定时入江而得名。体长通常为 130—400mm，记载最大可达 616mm。每年 4—6 月生殖群体由海洋溯河做生殖洄游，进入江河的支流或湖泊中繁殖。繁殖后亲鱼降河入海。幼鱼则留在支流或湖泊中觅食，至 9—10 月才降河入海。以桡足类、虾类和硅藻等浮游生物为食。

分　　布： 温州分布于瓯江河口及下游，现已十分罕见。我国长江以南海域及河口通常都有分布，但近年已属罕见。国外见于西北太平洋，自安达曼海至中国南海。

鲤形目

Cypriniformes

鲤科 Cyprinidae

9. 宽鳍鱲

Zacco platypus (Temminck & Schlegel)

学　　名：*Zacco platypus*（Temminck & Schlegel, 1846）

俗　　名：双尾鱼、鱲鱼、哈波、红棠酥、红棠花

分类地位：鲤形目 Cypriniformes　鲤科 Cyprinidae　鱲属 *Zacco*

形态特征： 体延长而侧扁，背腹部稍隆圆，无腹棱。头中大，吻短钝。眼上侧位，近吻端。口无须，端位，上颌稍长于下颌，上颌骨伸达眼中前缘下方。背鳍 iii-7，无硬棘，起点与腹鳍起点相对或稍前；臀鳍 iii-9-10，前 4 枚分枝鳍条延长，几乎伸越尾鳍基。胸鳍下侧位，与腹鳍起点相对或略前。尾鳍深分叉。体被较大圆鳞，侧线完全，在胸鳍上方有显著下弯，过臀鳍后又上升至尾柄中央，侧线鳞 40—49 个。雄性成熟个体除臀鳍分枝鳍条特别延长，体色鲜艳，背部灰黑色，腹部银白色，体侧有 10—13 条浅蓝色的垂直横纹，横纹之间有许多不规则的粉红色斑点，尾柄中央常有 1 条宽的蓝紫色纵带。

生态习性： 江河中、上游小型鱼类，体长通常在 80—90mm。喜欢生活于江河支流中水流较急的砂石、砂泥底质的浅滩处，深层及湖泊、水库较为少见。以无脊椎动物和小型鱼类及有机碎屑为食。个体小，1 龄可性成熟，每年 4—6 月在急流水滩上产卵。本种个体虽小，但有些溪流种群数量较大，有一定的渔业价值。

分　　布： 常见于温州各水系。我国南、北各江河及干支流都有分布。国外朝鲜和日本也有记载。

10. 马口鱼

Opsariichthys bidens Günther

学　　名：*Opsariichthys bidens* Günther, 1873	分类地位：鲤形目 Cypriniformes
俗　　名：马口鱼、桃花鱼、老虎鱼、哈波、红棠花	鲤科 Cyprinidae
	马口鱼属 *Opsariichthys*

形态特征： 体延长，稍侧扁，腹部略呈圆弧形。头尖，吻钝，口端位，无口须。口裂大，向上倾斜，上、下颌凹凸相嵌，下颌前端正中、后侧缘凸起，与上颌前端、后侧缘凹陷相吻合。眼小，侧上位。侧线完全，在腹部向下微弯，后延至尾柄正中。鳞稍大，稍呈圆形，侧线鳞 40—46 个，侧线上鳞 8—9 个。腹鳍基部两侧有 1—2 个腋鳞。背鳍 iii-7，起点稍前于腹鳍起点；胸鳍 i-14，末端尖；腹鳍 i-8，末端不达臀鳍；臀鳍 iii-8-10。体背部灰黑色，腹部银白色，鳍为橙黄色，体侧有纵列的条纹。繁殖时雄鱼有很鲜艳的婚色，头部、臀鳍上有显著的珠星，臀鳍的 1—4 枚分枝鳍条延长，雌鱼无此特征。

生态习性： 栖息于水流较湍急砂砾质的山涧溪流。个体小，常见体长 77—140mm。通常集群活动，性凶猛，以小型鱼类和水生昆虫为食。1 龄可性成熟，产卵期在 6—8 月，繁殖力强，群体数量较大，有一定渔业价值。

分　　布： 温州见于瓯江中下游水域及支流。国内广泛分布于从黑龙江至海南岛、元江的东部各河流干、支流。国外见于北亚和中东亚。

11. 青鱼

Mylopharyngodon piceus (Richardson)

学　　名：*Mylopharyngodon piceus*（Richardson, 1846）	分类地位：鲤形目 Cypriniformes
俗　　名：青鲩、黑鲩、乌鲩、螺蛳青、乌仔	鲤科 Cyprinidae
	青鱼属 *Mylopharyngodon*

形态特征： 体延长，前部扁圆形，腹部圆，后部侧扁，无腹棱。眼适中，位于头的正中侧。口端位，弧形，上颌略突出，向后延伸至眼前缘下方。吻短，前端圆钝。无口须。咽齿 1 行，粗大而短，臼齿状。鳞大，圆形；侧线完全，略为弧形，向后伸至尾柄中央，侧线鳞 39—46 个。背鳍短，iii-7，起点与腹鳍起点约相对，或稍前。臀鳍 iii-8-9。背鳍、臀鳍均无硬刺。鳃耙短而细小，17—22。体呈青黑色，背部较深，腹部灰白色，各鳍均呈黑色。

生态习性： 为我国传统的"四大家鱼"之一，常见体长 145—1430mm，2005 年在千岛湖曾捕获一尾 10 龄个体，体长 1.58m，体重 75.5kg。通常活动于水体的中下层，主要以软体动物虾蟹类及昆虫幼虫为食。4—5 龄性成熟，每年 5—7 月繁殖。

分　　布： 温州见于瓯江中下游及支流。在国内广泛分布，以长江中下游居多。国外分布于东亚，广泛引入世界各地。

12. 草鱼

Ctenopharyngodon idella (Valenciennes)

学　名：	*Ctenopharyngodon idella*（Valenciennes, 1844）	分类地位：	鲤形目 Cypriniformes 鲤科 Cyprinidae
俗　名：	草鱼、混子、草鲩		草鱼属 *Ctenopharyngodon*

形态特征： 体延长，前部近圆筒形，尾部侧扁。腹部圆，无腹棱。头较大，头背宽平。口端位。吻短钝，吻长稍大于眼径。背鳍 iii-7，外缘平直，始于腹鳍稍前上方。臀鳍 iii-8，起点距尾鳍基较距腹鳍基为近。鳃耙短小，14—15，排列稀疏。体呈茶黄色，腹部灰白色，体侧鳞片边缘灰黑色，胸鳍、腹鳍灰黄色，其他各鳍颜色较淡。

生态习性： 为我国传统的"四大家鱼"之一，常见体长为 80—350mm，最大可达 1.5m，重 35kg。一般栖息于各水体的中下层，性情活泼，游速快，常成群觅食。以水生植物为食。生长快，性成熟年龄一般为 4 龄，产卵期在 4 月底到 5 月上旬。

分　　布： 温州见于瓯江下游及支流。我国除西藏和新疆外，广泛分布于黑龙江至云南元江。国外分布于俄罗斯及东亚，广泛引入世界各地。

13. 赤眼鳟

Squaliobarbus curriculus (Richardson)

学　　名：*Squaliobarbus curriculus*（Richardson, 1846）	分类地位：鲤形目 Cypriniformes　鲤科 Cyprinidae
俗　　名：红眼鱼、野草鱼、船波	赤眼鳟属 *Squaliobarbus*

形态特征： 外形与草鱼相似，体延长，前部略呈圆筒状，尾部稍侧扁。头近圆锥形。口端位，弧形。上颌有 2 对极短小的须。眼靠近吻端。鳞较大，侧线完全，侧线鳞 45—48 个。腹部无腹棱。背鳍 iii-6-7，起点稍后于腹鳍起点或相对。尾鳍深分叉。鳃耙短小，13—14，排列稀疏。眼的上缘具 1 个红色斑，体背深灰色，腹部银白色，体侧鳞片后缘有 1 个黑点，列成纵行。

生态习性： 栖息于水流缓慢的江河及湖泊等水体的中下层，丰水期可上溯到小河中。常见体长在 107—306mm。以藻类和水生高等植物为食，也兼食水生昆虫和小型鱼类、淡水壳菜等。生长缓慢，2 龄达性成熟。繁殖季节较长，一般从 6 月中旬延续到 8 月，在支流沿岸有水草的区域产卵。

分　　布： 温州见于瓯江中下游及支流。国内除青藏高原外，其他水系均有分布。国外见于朝鲜及越南。

14. 大眼华鳊

Sinibrama macrops (Günther)

学　　名：*Sinibrama macrops* （Günther, 1868）	分类地位：鲤形目 Cypriniformes
俗　　名：圆眼白、黄颜皮、鳊风	鲤科 Cyprinidae
	华鳊属 *Sinibrama*

形态特征： 体长最大可达 227mm。体延长，侧扁。头后至背鳍前渐隆起，胸腹部扁平，腹鳍至肛门间具腹棱。口端位，口裂稍斜，上下颌约等长。眼大，眼径远大于吻长，约为头长的 1/3 强。侧线前部弧形后部平直，伸达尾柄正中；侧线鳞 56—60 个。背鳍 iii-7-8，起点位于体最高处，不分枝鳍条粗长而坚硬，最长分枝鳍条较头长为短。臀鳍 iii-19-21。鳃耙 10—12，呈薄片状三角形。尾鳍叉形。体背部灰黑色，体侧银灰色，胸鳍色淡，其余各鳍浅灰色。

生态习性： 栖息于溪河岸边水流缓慢的浅水中，常见体长 85—162mm。夏季常成群活动于水体的中下层，冬季潜于水底越冬，以小型鱼类、岩石上的附生藻类和植物碎屑为食。3—6 月在水流较急和有砾石底质的浅水区产卵。

分　　布： 温州见于瓯江水系的上、中游，偶见于下游。国内主要分布于台湾及西江和长江水系。国外未见报道。

15. 寡鳞飘鱼

Pseudolaubuca engraulis (Nichols)

学　　名：*Pseudolaubuca engraulis*（Nichols, 1925）	分类地位：鲤形目 Cypriniformes
	鲤科 Cyprinidae
俗　　名：蓝片子、鲨条	飘鱼属 *Pseudolaubuca*

形态特征： 体延长，很侧扁，头背平直。眼较大，位于体中线偏下。口端位，口裂斜，末端伸达眼前缘的下方。下颌中央有 1 个凸起，与上颌缺刻相吻合。鳞片薄，易脱落，侧线鳞 45—53 个。侧线完全，在胸鳍上方急剧向下弯折。腹棱完全，自峡部直至肛门。背鳍短小，iii-7，较后位，不具硬刺，起点在鳃盖后缘或眼后缘到最后鳞片的中间；臀鳍长，iii-17-20。鳃耙短小，10—11。体呈银白色，各鳍浅色。

生态习性： 见于较大溪流的上层水体，个体小，常见体长仅 72—126mm，产量少，经济价值不高。杂食性。5—6 月产卵。

分　　布： 温州见于瓯江水系。国内分布于珠江、九龙江、长江、黄河等水系。国外未见报道。

16. 䱗

Hemiculter leucisculus (Basilewsky)

学　　名：	*Hemiculter leucisculus*（Basilewsky, 1855）	分类地位：	鲤形目 Cypriniformes 鲤科 Cyprinidae
俗　　名：	䱗条、白条		䱗属 *Hemiculter*

形态特征： 体长而侧扁，背缘斜直，口端位，上下颌等长，下颌中央有 1 个凸起，与上颌缺刻相吻合。腹棱完全，始自胸鳍基部至肛门。鳞片薄，易脱落；侧线完全，自头后向下倾斜至胸鳍后部弯折与腹部平行，行于体之下半部，在臀鳍基部末端又折而向上，伸入尾柄正中；侧线鳞 49—54 个。背鳍短小，iii–7，不分枝鳍条光滑而坚硬，起点后于腹鳍起点。臀鳍不具硬刺。鳃耙 15—18。背部青灰色。侧面及腹面银白色，尾鳍边缘灰黑色。

生态习性： 习见小型鱼类，体长 72—143mm。常见活动于沿岸浅水区的水面，行动迅速，集群觅食，冬季在深水区越冬。食性杂，包括藻类、高等植物碎屑、小型甲壳动物、寡毛类以及水生昆虫等。1 龄鱼性腺即可发育成熟，繁殖期一般为 5—6 月，在浅水的缓流区或静水中产卵。卵黏性，附着在水草或砾石上发育。

分　　布： 温州见于各水系。我国分布极广，自南至北各个河流和湖泊都有。国外分布于越南、朝鲜、俄罗斯。

17. 油䱗

Hemiculter bleekeri Warpachowsky

学　　名：*Hemiculter bleekeri* Warpachowsky, 1888	分类地位：鲤形目 Cypriniformes 鲤科 Cyprinidae
曾用名/俗名：贝氏䱗、䱗条、塘䱗	䱗属 *Hemiculter*

形态特征： 体长而侧扁，背缘斜直，口端位，上下颌等长，下颌中央有 1 个凸起，与上颌缺刻相吻合。腹棱完全，始自胸鳍基部至肛门。鳞片薄，易脱落；侧线完全，自头后向下倾斜至胸鳍后部弯折与腹部平行，行于体之下半部，在臀鳍基部末端又折而向上，伸入尾柄正中；侧线鳞 40—47 个。背鳍短小，iii-7，不分枝鳍条光滑而坚硬，起点后于腹鳍起点。臀鳍不具硬刺。鳃耙 18—24。体呈银色，尾鳍边缘灰黑色，其余各鳍浅灰色。

生态习性： 小型上层鱼类，常见体长为 74—129mm，最大记载体长为 177mm。适应性强，各水系类型都能生活和繁殖。喜集群，行动迅速。常在浅水岸边索食。杂食性，成鱼主食水生昆虫及其幼体，也食高等水生植物的碎屑、枝角类、桡足类和浮游植物。生殖季节在 5—6 月，在流水中逆水跳跃游动过程中产卵，卵漂浮性。

分　　布： 温州见于各水系。国内分布较广，闽江、长江、黄河、辽河、黑龙江等都有记录。国外分布于俄罗斯。

18. 南方拟䱗

Pseudohemiculter dispar (Peters)

学　　名：*Pseudohemiculter dispar*（Peters, 1881）	分类地位：鲤形目 Cypriniformes
俗　　名：䱗条、白薄鱼、青龙	鲤科 Cyprinidae 拟䱗属 *Pseudohemiculter*

形态特征： 体长而侧扁，背缘略平直。腹棱不完全，仅存在于腹鳍基部至肛门。头长一般小于体高。吻尖，吻长大于眼径。口端位，上颌略长于下颌，下颌中央有 1 个凸起，与上颌缺刻相吻合。鳞片中大；侧线完全，自头后向下倾斜至胸鳍后部弯折与腹部平行，行于体之下半部，在臀鳍基部末端又折而向上，伸入尾柄正中；侧线鳞 49—52 个。背鳍短小，iii-7，不分枝鳍条粗壮、坚硬，后缘光滑，起点至吻端较至尾鳍基部为近或相等。鳃耙短小，9—11。体背部灰黑色，腹部银灰色。背鳍、尾鳍灰色，尾鳍边缘灰黑色，其余各鳍白色。

生态习性： 为较常见的中上层小型鱼类，体长 75—205mm。喜栖息于江河岸边浅水处。以水生昆虫、小虾和植物碎屑等为食。

分　　布： 温州见于瓯江水系。为我国特有种，主要分布于长江、闽江和珠江等水系。

19. 红鳍鲌

Chanodichthys erythropterus (Basilewsky)

学　　名：*Chanodichthys erythropterus*（Basilewsky, 1855）	**分类地位**：鲤形目 Cypriniformes
曾用名 / 俗名：红鳍原鲌、短尾鲌、黄掌皮	鲤科 Cyprinidae
	红鳍鲌属 *Chanodichthys*

形态特征： 体长而侧扁，头小，背缘平直或微凹，头后背部显著隆起。腹棱完全，位于胸鳍基部至肛门。口小，上位；下颌突出，向上翘，口裂和身体纵轴几乎垂直。眼大。鳞细小；侧线平直，前端略向下弯曲，后端复向上延至尾柄正中；侧线鳞 62—69 个。背鳍 iii-7，不分枝鳍条粗壮、坚硬，后缘光滑，起点位于腹鳍起点与臀鳍起点中间。臀鳍基长，iii-25-28，无硬刺。腹鳍起点稍前于背鳍起点。体背部银灰色，体侧和腹部银白色，体侧鳞片后缘具黑色素斑点。背鳍、尾鳍上叶青灰色，腹鳍、臀鳍和尾鳍下叶均呈橘黄色，尤以臀鳍色最深。

生态习性： 栖息于水草茂盛的湖泊或江河缓流区，常见体长 115—231mm，记载最大体长为 1020mm。幼鱼喜集群在浅水区觅食。肉食性，主要捕食小鱼，亦食无脊椎动物。产卵期 5—7 月，在静水湖泊中繁殖，卵黏附于水草上。

分　　布： 温州见于各水系。国内分布甚广，海南岛各水系，台湾、闽江、钱塘江、长江、淮河、黄河、辽河、黑龙江等都有分布。国外分布于越南、朝鲜及俄罗斯。

20. 达氏红鳍鲌

Chanodichthys dabryi (Bleeker)

学　　名： *Chanodichthys dabryi*（Bleeker, 1871）	**分类地位：** 鲤形目 Cypriniformes
曾用名/俗名： 达氏鲌、戴氏红鲌、翘嘴巴、刀鱼、青梢子	鲤科 Cyprinidae
	红鳍鲌属 *Chanodichthys*

形态特征： 体长而侧扁，头小，头后背部稍隆起。腹棱不完全，始于腹鳍基部至肛门。口小，亚上位，斜裂，下颌突出。眼较小。鳞细小；侧线平直，几乎不向下弯曲，侧线鳞 64—71 个。背鳍 iii-7，不分枝鳍条粗硬，其长短于头长，起点在吻端至尾基的中点，或稍近于吻端。臀鳍基长，iii-23-29，无硬刺。腹鳍起点远在背鳍起点下方之前。体背青灰色，腹部银白色，各鳍灰黑色。

生态习性： 见于河流、湖泊等水流平稳水域的中上层，冬季迁至深水处越冬。常见体长 117—267mm，记载最大可达 420mm。性凶猛，成鱼主食虾和小型鱼类，兼食水生昆虫和甲壳类。一般 1 龄鱼即可达性成熟，生殖季节在 5—7 月，产黏性卵。

分　　布： 温州见于各水系。国内分布广，珠江、闽江、钱塘江、长江、淮河、黄河、辽河、黑龙江等都有分布。

21. 翘嘴鲌

Culter alburnus **Basilewsky**

学　　名：*Culter alburnus* Basilewsky, 1855	分类地位：鲤形目 Cypriniformes
	鲤科 Cyprinidae
俗　　名：翘嘴巴、翘壳、大鲌鱼、刀鱼	鲌属 *Culter*

形态特征： 体长而侧扁，头小，头背面几乎平直，头后背部隆起。腹棱不完全，始于腹鳍基部至肛门。口上位，下颌突出，向上翘，口裂和身体纵轴几乎垂直。眼大。鳞小；侧线平直，位于体侧中部略下方，侧线鳞86—93个。背鳍iii-7，起点在腹鳍基部和臀鳍起点之间的上方，第二、三不分枝鳍条粗壮、坚硬，后缘光滑。胸鳍末端几乎达腹鳍基部。臀鳍基长，iii-21-24，无硬刺。腹鳍起点远在背鳍起点下方之前。体背浅棕色，体侧银灰色，腹面银白色，背鳍、尾鳍灰黑色，胸鳍、腹鳍、臀鳍灰白色。

生态习性： 江河湖泊常见的中、上层鱼类，常见体长174—265mm，体重一般2kg以下，最大体长可达1m，重15kg左右。游泳迅速，善跳跃，性凶猛，成体以其他鱼类为食。繁殖季节为6—8月，在水流缓慢的河湾或湖泊浅水区集群繁殖。幼鱼喜栖息于湖泊近岸水域和江河水流较缓的沿岸，以及支流、河道与港湾内，冬季则在河床或湖槽中越冬。本种生长快，个体大，在我国淡水渔业中占有重要地位。

分　　布： 温州见于各水系。国内分布甚广，珠江、台湾、闽江、钱塘江、长江、黄河、辽河、黑龙江等都有。国外分布于俄罗斯、蒙古、越南等。

22. 鲂

Megalobrama skolkovii Dybowski

学　　名：*Megalobrama skolkovii* Dybowski, 1872	分类地位：鲤形目 Cypriniformes
	鲤科 Cyprinidae
曾用名/俗名：斯氏鲂、鳊鱼	鲂属 *Megalobrama*

形态特征： 体高而侧扁，呈菱形，腹鳍至肛门有腹棱。头小而侧扁，头长小于体高。吻短。口小，口裂斜，上、下颌约等长。上颌角质长而狭，呈新月形。眼中等大小，上眶骨发达，呈长方形。侧线完全，略平直，侧线鳞53—58个。背鳍位于腹鳍基的后上方，第三不分枝鳍条为硬刺，刺长一般大于头长。尾鳍深分叉，末端尖形。体呈灰黑色，腹侧银灰色。体侧鳞片中间浅色，边缘灰黑色。鳍呈灰黑色。

生态习性： 栖息于水流平缓、水面开阔的中下层水域，常见体长115—274mm。主食水生维管束植物，兼食浮游动物、贝类及有机碎屑。3龄性成熟，春夏繁殖，卵黏性，附着在水底岩石等物体上。

分　　布： 温州见于瓯江水系。国内广泛分布于黑龙江、鸭绿江、辽河、黄河、淮河、长江中上游、钱塘江、闽江等。国外分布于俄罗斯。

23. 大鳞鲷

Xenocypris macrolepis Bleeker

学　　名：*Xenocypris macrolepis* Bleeker，1871	分类地位：鲤形目 Cypriniformes
	鲤科 Cyprinidae
曾用名 / 俗名：银鲴、青鳟、粗头鳟	鲴属 *Xenocypris*

形态特征： 体长形，侧扁，体长为体高的 3.7—4.2 倍。腹部较圆，无腹棱或不明显。头小，吻钝。口下位，横裂；上颌边缘光滑，下颌前缘有薄的角质。口角无须。眼侧上位，近吻端。侧线完全，侧线鳞 53—64 个，腹鳍基部有 1—2 个长形腋鳞。背鳍 iii-7，起点约与腹鳍起点相对或稍前，第三不分枝鳍条粗壮、坚硬。胸鳍不发达。腹鳍起点在胸鳍与臀鳍两起点的中间。下咽齿 3 行。鳃耙短而细密，39—53。背部灰黑色，腹部银白色，鳃盖膜后缘有橘黄色斑块，背鳍灰色，尾鳍深灰色。

生态习性： 为江河中下层的中小型经济鱼类，体长通常在 114—257mm。刮食附生藻类、有机碎屑，兼食浮游甲壳类、昆虫幼虫和蠕虫。个体不大，但生长快，2 龄个体就开始繁殖，数量多，具一定经济价值。

分　　布： 温州见于瓯江水系。国内广布于海南岛、珠江至黑龙江及东南沿海各水系。

24. 黄尾鲴

Xenocypris davidi Bleeker

学　名：*Xenocypris davidi* Bleeker，1871	分类地位：鲤形目 Cypriniformes
俗　名：黄尾	鲤科 Cyprinidae
	鲴属 *Xenocypris*

形态特征： 体长形，侧扁，较大鳞鲴为厚，腹部较圆。体长为体高的 3.3—3.7 倍，腹部无腹棱或不明显。头小，吻钝。口下位，略呈弧形，下颌前缘有薄的角质层。口角无须。眼侧上位，近吻端。侧线完全，侧线鳞 63—68 个，背鳍 iii-7，起点约与腹鳍起点相对或稍前，第三不分枝鳍条粗壮、坚硬。胸鳍不发达。腹鳍基部有 1—2 个长形腋鳞。下咽齿 3 行。鳃耙细密，47—51。背部灰黑色，腹部银白色，鳃盖膜后缘有橘黄色斑块，尾鳍橘黄色。

生态习性： 常见的淡水中小型经济鱼类，一般体长 130—310mm，最大可达 357mm。常栖息于水体中上层，以有机碎屑、藻类、水生昆虫和浮游动物等为食，生长较快，产量较多。生殖期在 4—6 月上旬，此时雄鱼胸鳍硬刺上的珠星排列紧密。卵黏性，附于石块上。

分　　布： 温州见于瓯江水系。国内广泛分布于海南岛、珠江、长江、黄河及东南沿海各水系。

25. 圆吻鲷

Distoechodon tumirostris Peters

学　　名：*Distoechodon tumirostris* Peters，1881	分类地位：鲤形目 Cypriniformes
俗　　名：青片、乌尾、乌鳝、青鳝	鲤科 Cyprinidae
	圆吻鲷属 *Distoechodon*

形态特征： 体长形，侧扁，腹部圆，无腹棱。体长为体高的 3.8—4.4 倍。头小，吻钝，特别突出。口下位，呈一横裂，下颌前缘有发达的角质。口角无须。眼小，侧上位，近吻端。侧线完全，侧线鳞 75—82 个。腹鳍基部有 1 个狭长腋鳞。背鳍 iii-7，起点至吻端与至尾鳍基的距离相等，不分枝鳍条粗壮、坚硬。胸鳍不发达，仅伸达胸鳍起点至腹鳍起点间距离的一半，腹鳍起点与背鳍起点相对。臀鳍 iii-9，起点距腹鳍起点比距尾鳍基为近。下咽齿 2 行。鳃耙短，排列紧密，75—85。背部深黑色，腹部银白，背鳍、尾鳍灰黑色，尾鳍边缘黑色。体侧有 10—11 条黑色斑点组成的纵向条纹，眼后缘有 1 个浅黄色斑块。

生态习性： 栖息于干流及支流的上游大溪流的中下层，体长通常在 100mm，最大可达 330mm。以有机碎屑和附着藻类为食。繁殖季节在 4—6 月，雄鱼的头部和胸鳍条会出现珠星，卵黏性。本种是瓯江中、上游的优势种，具有重要的经济意义，可作为池塘养殖对象。

分　　布： 温州见于瓯江干流。国内分布于珠江、长江、黄河及东南沿海各溪流及台湾。

26. 鳙

Hypophthalmichthys nobilis (Richardson)

学　　名：*Hypophthalmichthys nobilis*（Richardson，1845）	分类地位：鲤形目 Cypriniformes
俗　　名：花白鲢、包头鱼、大头鱼、胖头鱼	鲤科 Cyprinidae
	鲢属 *Hypophthalmichthys*

形态特征：体长而侧扁，背部圆，腹部在腹鳍基之前平圆。腹棱不完全，仅存在于腹鳍基部至肛门之间。头肥大，约为体长的 1/3，故有"胖头鱼"之称。眼小，下侧位。口大，端位，口裂向上倾斜，下颌略向上翘，上唇中间部分很厚。口角无须。鳞片小，侧线完全，前段显著弯向腹方，然后延伸至尾柄正中；侧线鳞 99—108 个。背鳍 iii–7，无硬刺，起点在腹鳍基部之后。胸鳍 i–16–19，末端远超过腹鳍基部，性成熟雄鱼胸鳍不分枝鳍条外缘具尖锐的细齿。臀鳍 iii–10–13，无硬刺。下咽齿 1 行。鳃耙 400 以上，细长而密集，互不相连。背部及体侧上半部灰黑色，间有浅黄色光泽，腹部灰白色，体侧有许多不规则的黑色斑点。

生态习性：中上层鱼类，栖息于江河干流、平缓的河湾、湖泊和水库。性温顺，不善跳跃，以浮游动物为食，兼食藻类。自然环境下 4—5 龄达性成熟，4月下旬至 6 月上旬为繁殖期，在流水中产卵。为我国传统"四大家鱼"之一，在家养条件下，上市规格一般在 600mm 左右，最大全长可达 1.5m，体重 35—40kg。

分　　布：温州见于各水系。国内分布极广，南起海南岛，北至黑龙江流域的我国东部各江河、湖泊、水库均有分布，但在黄河以北水体的数量较少，东北和西部地区均为人工迁入的养殖种类。广泛引入世界各地。

27. 鲢

Hypophthalmichthys molitrix (Valenciennes)

学　名：*Hypophthalmichthys molitrix*（Valenciennes，1844）	分类地位：鲤形目 Cypriniformes 鲤科 Cyprinidae 鲢属 *Hypophthalmichthys*
俗　名：鲢鱼、白鲢	

形态特征：体长而侧扁，稍高，背部宽，腹部狭窄。腹棱完全，自喉部直至肛门。头肥大，约为体长的 1/4。口大，略向上翘。眼较小，中侧位，近吻端。鳞片细小，易脱落。侧线完全，在腹鳍前方向下弯曲，腹鳍以后较平直，向后延伸至尾柄正中，侧线鳞 108—120 个。背鳍 iii-7，基部短，外缘微凹，无硬刺，起点距尾鳍基部较距吻端为近。胸鳍 i-16-17，末端可达腹鳍基部，性成熟雄鱼胸鳍不分枝鳍条外缘具尖锐的细齿。臀鳍 iii-11-13。下咽齿 1 行。鳃耙细密，彼此愈合成筛状滤器。背部浅灰，略带黄色，体侧及腹部银白色，各鳍浅灰色。

生态习性：栖息于江河干流及附属水体的中上层，性活泼，善跳跃，冬季不善活动。以浮游植物为食，幼体则偏向浮游动物。为我国传统"四大家鱼"之一，通常商品规格为 300—400mm，记载最大全长可达 1.05m。

分　　布：温州见于各水系。国内分布极广，南自海南岛、元江、珠江、北至黑龙江流域我国东部地区各江河、湖泊、水库均有分布。国外见于俄罗斯，广泛引入世界各地。

28. 唇䱻

Hemibarbus labeo **(Pallas)**

学　　名：*Hemibarbus labeo*（Pallas，1776）		分类地位：	鲤形目 Cypriniformes
俗　　名：重唇鱼、重口鱼、土风鱼、黄头竹、黄竹			鲤科 Cyprinidae
			䱻属 *Hemibarbus*

形态特征： 体延长，略侧扁，腹部圆。头长大于体高。吻长大于眼后头长，稍尖而突出。口下位，马蹄形，口角向后延伸不达眼前缘。唇厚，下唇两侧叶特别宽厚，常被侧叶所盖。口须1对，位于口角向后可达眼前缘的下方。眼大，侧上位。前眶骨、下眶骨及前鳃盖骨边缘具1排黏液腔。体被圆鳞，较小。侧线完全，略平直，侧线鳞 48—50 个。背鳍 iii–7，第三不分枝鳍条呈光滑的硬刺。胸鳍不达腹鳍起点，腹鳍短小，起点位于背鳍起点稍后。臀鳍略长，有的个体末端几乎达尾鳍基部。尾鳍分叉，上、下叶等长。下咽齿 3 行。鳃耙 14—15。体背青灰色，腹部白色，幼鱼体侧有黑色斑点。

生态习性： 栖息于水系干流上游及支流中下游的大溪流中，常见于流速较大、砂石底质的水域中下层，以水生昆虫的幼虫及蠕虫等底栖动物为主要饵料。体长通常在 330mm 左右，记载最大可达 620mm。春夏季 4—5 月在溪流上游产卵繁殖。

分　　布： 温州见于各水系。国内广泛分布于台湾各水系和闽江、钱塘江、长江、黄河至黑龙江。国外见于俄罗斯、蒙古和朝鲜等。

29. 花䱻

Hemibarbus maculatus Bleeker

学　　名：*Hemibarbus maculatus* Bleeker，1871	分类地位：鲤形目 Cypriniformes
	鲤科 Cyprinidae
俗　　名：麻鲤、大鼓眼、夹竹、麻竹	䱻属 *Hemibarbus*

形态特征： 体延长，略侧扁，腹部圆，背部自头后至背鳍前方显著隆起。头长略小于体高。吻稍钝圆，其长小于或等于眼后头长。口下位，马蹄形，唇稍厚，下唇两侧叶较为狭窄。口须1对。眼较大，侧上位。前眶骨、下眶骨及前鳃盖骨边缘具1排黏液腔。体被圆鳞，较小。侧线完全，略平直，侧线鳞46—59个。背鳍iii-7，第三不分枝鳍条呈光滑的硬刺。胸鳍不达腹鳍起点。腹鳍短小，起点位于背鳍起点稍后。臀鳍略长，有的个体末端几乎达尾鳍基部。尾鳍分叉，上、下叶等长。腹鳍较短小，起点稍后于背鳍起点。臀鳍较长，不达尾鳍基部。下咽齿3行。鳃耙6—10。体背青灰色，腹部白色，背部及体侧具多数大小不等黑褐色斑点，侧线稍上方有7—8个大黑斑，背鳍、尾鳍上具多数小黑点，其他各鳍灰白色。

生态习性： 为江河、湖泊中常见的中下层鱼类，体长通常在260mm左右，最大记载可达470mm。以水生昆虫的幼虫为主要食物，也食软体动物和小型鱼类。生殖季节在4—5月，分批产卵，卵黏性，附着于水草上发育。

分　　布： 温州见于瓯江水系。国内广泛分布于长江以南至黑龙江各水系。国外见于俄罗斯和蒙古。

30. 似鱎

Belligobio nummifer (Boulenger)

学　　名：*Belligobio nummifer*（Boulenger，1901）	分类地位：鲤形目 Cypriniformes
	鲤科 Cyprinidae
俗　　名：竹鱼	似鱎属 *Belligobio*

形态特征：体延长，略侧扁，腹部圆，背后头部隆起。头长略大于体高。吻略尖，其长稍小于或等于眼后头长。口亚下位，略呈马蹄形。口须1对。眼较大，侧上位。前眶骨、下眶骨及前鳃盖骨边缘具1排黏液腔。体被圆鳞，较小。侧线完全，略平直，侧线鳞43—46个。背鳍 iii-7，第三不分枝鳍条柔软，不为硬刺。胸、腹鳍均短小，胸鳍末端略尖，后伸不达腹鳍。腹鳍末端不达臀鳍，起点位于背鳍起点之后。雄鱼的臀鳍末端可达或超过尾鳍基部。下咽齿3行。鳃耙6，短小而稀疏。体背青灰色，腹部白色，自体侧有一纵行黑色斑块7—10个，以及大小不等的黑褐色斑点。背鳍及尾鳍具黑色条纹，边缘黑色。

生态习性：为溪流底栖性鱼类，体长一般200mm左右，最大可达143mm。栖息于水流较平稳的水体中下层。幼鱼喜生活于砂质底、流速缓的浅水区，也有进入湖泊。以水生昆虫的幼体、软体动物、环节动物以及小型鱼类等底栖动物为食。

分　　布：温州见于各水系上游的支流中。为中国特有种，广泛分布于长江、甬江、灵江、淮河、晋江等水系。

31. 麦穗鱼

Pseudorasbora parva (Temminck & Schlegel)

学　　名：*Pseudorasbora parva*（Temminck & Schlegel, 1846）	分类地位：鲤形目 Cypriniformes
	鲤科 Cyprinidae
俗　　名：罗汉鱼	麦穗鱼属 *Pseudorasbora*

形态特征：体延长，低而侧扁，腹部圆，尾柄较长。头小，稍尖，吻短，尖而突出。口上位，口裂几垂直，不伸达鼻孔前缘。眼中大，上侧位，眼眶下缘无黏液腔。口无须。体被圆鳞，鳞中大，侧线完全，较平直，伸达尾柄中央，侧线鳞32—36个。背鳍 iii-7，不分枝鳍条柔软，不为硬刺，起点与腹鳍起点相对或稍前。臀鳍短小，iii-6，无硬刺，起点距腹鳍起点较距尾鳍基为近。胸鳍下侧位，短于头长，不达腹鳍。下咽齿1行。鳃耙短小，7—9，排列稀疏。体背侧银灰色微黑，腹侧淡白色，体侧每1个鳞缘有新月形黑斑。幼鱼通常在体侧中央从吻经眼至尾鳍基具1条黑色纵纹。背鳍具1条暗斜纹，各鳍淡黄色。

生态习性：常见于江河、湖泊、池塘等水体。个体小，常见体长为70—80mm。喜欢生活在静水、透明度不高和水草较多的浅水水域。食性杂，主食浮游动物、水生昆虫，也摄食水生植物及藻类。产卵期4—6月。卵椭圆形，成串地黏附于石片、蚌壳等物体上，孵化期雄鱼有守护的习性。

分　　布：温州见于各水系。国内几乎遍及各主要水系。国外见于俄罗斯、蒙古和朝鲜等，广泛引入世界各地。

32. 小鳈

Sarcocheilichthys parvus Nichols

学 名：	*Sarcocheilichthys parvus* Nichols, 1930	分类地位：	鲤形目 Cypriniformes
			鲤科 Cyprinidae
俗 名：	鱼生		鳈属 *Sarcocheilichthys*

形态特征：体延长，略侧扁，腹部圆，尾柄宽短。头小，头长小于体高。吻短钝，吻长小于眼径。眼小，上侧位。口小，下位，马蹄形，口裂不伸达眼前缘下方，上颌突出，下颌前缘有发达的角质缘。口须 1 对，极微细。体被较大圆鳞，侧线平直，侧线鳞 35—36 个。背鳍 iii-7，不分枝鳍条柔软，不为硬刺，起点距吻端较距尾鳍基为近。臀鳍 iii-6，起点距腹鳍较距尾鳍基为远。胸鳍下侧位，不达腹鳍。腹鳍起点稍后于背鳍起点稍后方。咽齿 1 行。鳃耙 6，粗短。体灰色微带黑。体侧中轴自吻部至尾鳍基有 1 条黑条纹。颊部、额部均呈橘红色。背鳍灰色，其他各鳍淡橘黄色，鳍条上常带有细小黑色点。

生态习性：水体中下层小型鱼类，常栖息于水质较清澈砾石质的山溪和小河中。繁殖季节约在 4 月，此时雄鱼体色较鲜艳，吻部具有较大的珠星，雌鱼产卵管延长，最长的约与头长相等。成体最大体长仅 70mm。体长 50mm 左右的雌鱼已达性成熟。

分　　布：温州见于瓯江水系。为中国特有种，分布于珠江、闽江、长江、钱塘江及浙江南部沿海的瓯江、灵江等水系。

33. 细纹颌须鮈

Gnathopogon taeniellus (Nichols)

学　　名：*Gnathopogon taeniellus*（Nichols，1925）	分类地位：鲤形目 Cypriniformes
俗　　名：油鱼、红贡	鲤科 Cyprinidae
	颌须鮈属 *Gnathopogon*

形态特征： 体延长，侧扁稍高，腹部圆，尾柄中长。头较短，头长小于体高。吻钝，吻长大于眼径而小于眼后头长。眼中大，上侧位。口小，端位，口宽大于口长，口裂稍斜。唇薄，光滑。口须 1 对，须长小于或等于眼径的 2/3。侧线完全，几乎平直，侧线鳞 35—36 个。背鳍 iii-7，无硬刺；胸、腹鳍后缘近圆形；尾鳍分叉，末端钝圆。咽齿 2 行。体背浅棕色，腹部灰白色，沿背部正中及体侧各具 1 条黑色纵纹，背鳍上部有 1 条暗黑条纹，其他各鳍灰白色。

生态习性： 溪流性小型鱼类，体长通常 48—54mm。栖息于大小溪流及山涧中。生活在水流比较平稳的沿岸浅水处，以附生在石头上的藻类及有机碎屑和昆虫幼虫等为食。

分　　布： 温州见于各水系。为中国特有种，分布于福建闽江及浙江的各水系。

34. 银鲴

Squalidus argentatus (Sauvage & Dabry)

学　　名：*Squalidus argentatus*（Sauvage & Dabry, 1874）	**分类地位**：鲤形目 Cypriniformes 鲤科 Cyprinidae
曾用名 / 俗名：银色颌须鲴、雷猴、红贡	银鲴属 *Squalidus*

（自 Fishbase）

形态特征： 体延长，侧扁，腹部圆。头中大，略呈锥形，头长稍大于体高。吻短而尖，吻长小于眼后头长。眼较大，上侧位。口亚下位，腹视弧形，口裂不伸达眼前缘下方，上颌稍突出，稍长于下颌，上、下颌无角质边缘。唇薄，简单。口须1对，须长约等于眼径，末端伸达眼中部下方。侧线完全，几乎平直，侧线鳞39—41个。背鳍iii-7，无硬刺，起点前于腹鳍起点，距吻端较距尾鳍基为近。臀鳍短，无硬刺，起点位于腹鳍与尾鳍之间。胸鳍下侧位，短于头长，末端不达腹鳍。腹鳍起点距胸鳍基底与距臀鳍起点约相等，后端伸达肛门。咽齿2行。体侧银灰色，腹部银白色，体侧在侧线上方具1条银灰色纵带，有时纵带上有10个左右小黑斑。背鳍、尾鳍灰色，其余各鳍灰白色。

生态习性： 本种为习见的小型鱼类，体长通常在70mm最大可达130mm。生活在江河小支流和池塘等小水体中，喜栖息于静水或微流水环境的浅水地带的中、下层。生殖期为5月，主要摄食水生昆虫，其次为藻类和水生高等植物。

分　　布： 温州见于各水系。国内除西北的部分地区以外，几乎遍于全国各主要水系。国外见于越南。

35. 棒花鱼

Abbottina rivularis (Basilewsky)

学　　名：	*Abbottina rivularis*（Basilewsky，1855）	分类地位：	鲤形目 Cypriniformes
俗　　名：	爬虎鱼、马鮈头、沙鮈头、麦百林、痢痢婆、马头儿		鲤科 Cyprinidae
			棒花鱼属 *Abbottina*

形态特征： 体延长，稍侧扁，腹部圆。头中大，头长大于体高。吻中大，前端圆钝，吻长大于眼后头长。眼小，上侧位。两鼻孔前缘间隔处有凹陷。口较小，下位，腹马蹄形，上颌稍突出，上下颌无角质边缘。唇厚而发达、光滑，无显著乳突，上唇褶具一上唇沟，下唇褶分为4叶。口须1对，须长约等于眼径，末端伸达鼻孔下方。体被圆鳞，胸部裸露无鳞，侧线完全，平直，侧线鳞36—38个。背鳍iii-7，无硬刺。臀鳍短，无硬刺。胸鳍下侧位，末端不达腹鳍。腹鳍起点在背鳍起点稍后下方，后端伸越肛门。咽齿1行。背部深黄褐色，至体侧逐渐转淡，腹部为淡黄色或乳白色。背部自背鳍起点至尾基有5个黑色大斑，在体侧有7—8个黑色大斑。在整个背部自头至尾不规则的散布有许多大小黑点，在背鳍、胸鳍及尾鳍上由小黑色斑点组成比较整齐的横纹数行，在生殖期体色转深，雄鱼更为明显。

生态习性： 常见小型鱼类，全长为72—142mm。生活在静水或流水的底层。主食无脊椎动物。1龄鱼性成熟，4—5月繁殖，在砂底掘坑为巢，卵产其中。雄鱼有筑巢和护巢的习性。

分　　布： 温州见于各水系。国内分布甚广，除青藏高原外，几乎遍及全国各主要水系。国外分布于朝鲜、日本和越南。

36. 兴凯鱊

Acheilognathus chankaensis (Dybowski)

学　名：	*Acheilognathus chankaensis*（Dybowski，1872）	分类地位：	鲤形目 Cypriniformes 鲤科 Cyprinidae
俗　名：	鳑鲏鱼		鱊属 *Acheilognathus*

形态特征： 体扁薄，长椭圆形，头后部显著隆起，体长为体高 2.2—3.3 倍。头短小，吻短钝，吻长短于眼径。眼中大，约等于眼间隔。口小，前位。口角无须。体被中大圆鳞，侧线完全，几乎平直，伸达尾柄中央；侧线鳞 33—36 个。背鳍 iii-12-13，第二不分枝鳍条光滑，硬棘状，背鳍起点距吻端较距尾鳍基为近。臀鳍 iii-10-11，第二不分枝鳍条也光滑，硬刺状。胸鳍下侧位，末端不达腹鳍起点。腹鳍小鳍端达臀鳍起点。下咽齿 1 行，齿面平滑无锯纹。鳃耙细密，16—18。体银白色，背侧灰黑色。背鳍灰色，具 2 条斜行黑白相间条纹。雄鱼臀鳍镶以宽的黑边，雌鱼背鳍、臀鳍黑色斑点不明显。胸鳍、腹鳍浅色。

生态习性： 为淡水底层小型鱼类，常见体长 57—75mm。生活于江河、沟渠和池塘的缓流及静水浅水处。摄食硅藻、蓝藻和丝状藻类等。生殖期在 5—6 月，繁殖期间雄鱼体色艳丽，吻端具白色珠星，鳍条上的斑点更为明亮；雌鱼具 1 个灰色产卵管，产卵于蚌类的鳃瓣中。

分　　布： 温州见于瓯江水系。国内分布于长江、珠江、韩江、黄河、黑龙江等水系。国外分布于俄罗斯和朝鲜。

37. 高体鳑鲏

Rhodeus ocellatus (Kner)

学　　名：*Rhodeus ocellatus*（Kner，1866）	分类地位：鲤形目 Cypriniformes
俗　　名：鳑鲏鱼	鲤科 Cyprinidae
	鳑鲏属 *Rhodeus*

形态特征： 体侧扁而高，卵圆形，头后背部向上隆起甚高，腹部圆形。头短小，三角形。口小，端位。吻短而钝。口角无须。眼较大，眼径稍大于吻长，位于体侧中线上。体被中大圆鳞，侧线不完全，仅在前面几个鳞片具侧线管；纵列鳞27—31行。背鳍 iii-10-11，不分枝鳍条柔软，起点距吻端与距尾鳍基约相等或稍近吻端。臀鳍 iii-10-12。胸鳍尖圆形，鳍端不伸达腹鳍起点。腹鳍短小，起点位于背鳍前下方。咽齿1行，齿面光滑。鳃耙短小而密，12—14。体侧上半部的鳞片后部为浅灰褐色，带有浅绿色光泽。尾柄中央有1条纵行浅黑色条纹，并带有浅绿色光泽，向前伸至背鳍基部中点的下方。鳃盖后上方有1个黑绿色的斑块。雄鱼在生殖季节眼上部呈朱红色，眼眶上亦有1—2列珠星，吻端两侧各有一簇隆起较高的白色珠星，臀鳍具有黑色镶边，雌鱼的腹鳍和臀鳍为浅黄色。

生态习性： 为小型鱼类，体长通常为35—41mm，体扁肉少，无食用价值。以藻类和植物碎屑为食，摄食量较大。生殖季节为3—5月，雌鱼的产卵管很长，将卵产于瓣鳃类的外套腔中，受精卵固着在鳃瓣之间，依靠外套腔内的水流完成胚胎发育。

分　　布： 温州见于各水系。国内广泛分布于澜沧江、珠江、海南岛、台湾、韩江、长江、黄河等水系。国外见于俄罗斯和东亚各国，广泛引入世界各地。

38. 光倒刺鲃

Spinibarbus caldwelli (Nichols)

学　　名：*Spinibarbus caldwelli*（Nichols，1925）	分类地位：鲤形目 Cypriniformes
	鲤科 Cyprinidae
曾用名/俗名：喀氏倒刺鲃、黑脊倒刺鲃、军鱼	倒刺鲃属 *Spinibarbus*

形态特征： 体延长，稍侧扁而低，腹部圆。头中大，稍尖，背面呈弧形。眼中大，上侧位。口中大，亚下位，腹视马蹄形，上颌稍长于下颌。吻中长，圆钝，吻长大于眼径。上、下唇褶在口角处相连，下唇褶发达，几乎伸达下颌前端，后唇沟在颏部中断，不相连。口须2对，较发达，颌须略长于吻须。体被大圆鳞，侧线完全，侧线鳞23—25个。背鳍 iv-9，不分枝鳍条柔软，起点前方具1枚平卧倒棘。臀鳍起点约位于腹鳍起点与尾鳍基的中间，不伸达尾鳍。胸鳍下侧位，不达腹鳍。腹鳍水平状，基部外侧具狭长的腋鳞。咽齿3行。鳃耙9—12，短小，锥形，排列稀疏。背侧青灰色，腹部银白色略带淡黄，体侧大部分鳞片基部具1个黑斑。背鳍、尾鳍及雄鱼臀鳍后缘黑色，胸鳍、腹鳍及臀鳍橙黄色。

生态习性： 中下层鱼类，一般栖息于底质多乱石而水流较湍急的江河，性活跃，善跳跃。杂食性，以水生植物为主，兼食水生昆虫及其幼虫。4—5月在水流缓慢、水草较多处产卵，孵化后当年体长为62—140mm，2龄鱼体长可达220—250mm，一般个体重0.5—1kg。

分　　布： 温州见于瓯江水系。国内分布于元江、珠江、九龙江、闽江、钱塘江、海南岛等水系。国外未见报道。

39. 温州光唇鱼

Acrossocheilus wenchowensis Wang

学　　名：*Acrossocheilus wenchowensis* Wang，1935	分类地位：鲤形目 Cypriniformes 鲤科 Cyprinidae
曾用名 / 俗名：温州厚唇鱼、石斑鱼、溪斑	光唇鱼属 *Acrossocheilus*

形态特征： 体延长，侧扁，头后背部轮廓呈弧形，腹部圆。头长，前端尖。吻较长，一般大于眼后头长或相等。口下位，口裂呈马蹄形。唇发达，肥厚，下唇分为两侧瓣，相互靠近。下颌前缘狭弧形，虽与下唇分离，但常被下唇侧瓣遮盖。须2对，较长，吻须长于颌须，颌须长略大于眼径。体被圆鳞，侧线平直，侧线鳞36—37个。背鳍iv-8，最后不分枝鳍条较粗壮，后缘具细密锯齿，起点距尾鳍比距吻端稍近或相等。腹鳍起点后于背鳍起点，后端不达肛门。咽齿3行。体背部灰黑色，腹部白色，背鳍和臀鳍微黑，体侧常有6条黑色横纹。

生态习性： 溪流小型鱼类，常见体长79—173mm。喜生活于石砾底质，以刮食附生藻类或苔藓为生。繁殖期为6—8月，据报道其卵巢有毒。

分　　布： 温州见于瓯江水系。为中国特有种，分布于广东的韩江水系，福建的九龙江、闽江等水系，浙江的瓯江水系。

40. 台湾白甲鱼

Onychostoma barbatulum (Pellegrin)

学　　名：*Onychostoma barbatulum*（Pellegrin，1908）	分类地位：鲤形目 Cypriniformes
曾用名 / 俗名：台湾铲颌鱼、山水鱼、鞍鱼	鲤科 Cyprinidae
	白甲鱼属 *Onychostoma*

形态特征： 体延长，稍侧扁，腹部圆，尾柄较粗。头宽短，圆锥形，稍尖。吻较短，小于眼后头长，圆钝而突出。吻褶卷达口前，盖于上唇，边缘光滑。口下位，口横裂而宽广；下颌铲状，具角质边缘。短小口须2对，微小，不易察觉。鳃耙34—35。鳞片中等大，侧线完全，侧线鳞41—47个。腹鳍基部外侧有2个狭长的腋鳞。咽齿3行。背鳍 iv-8，臀鳍 iii-5，不分枝鳍条柔软。体背部为灰黄绿色，腹部浅黄至淡白色，背鳍鳍膜的末端有黑色的斑纹；体侧及背部鳞片具新月形的黑点。

生态习性： 为较常见的一种经济鱼类，栖息于水系上游水质清澈的大溪与山涧中，以附生藻类及昆虫的幼虫、蠕虫等为食。雄鱼体长100mm左右，雌性体长160mm左右时性腺开始成熟，此时雄鱼在吻部会出现2—3行排列稀疏的珠星。繁殖期为3—5月。1龄体长90—135mm，2龄体长155—190mm，最大可达300mm，约400g。

分　　布： 温州见于瓯江水系。为中国特有种，广泛分布于台湾、珠江系、闽江系、灵江水系及长江中下游支流。

41. 鲤

Cyprinus carpio Linnaeus

学 名：*Cyprinus carpio* Linnaeus, 1758	分类地位：鲤形目 Cypriniformes
俗 名：鲤鱼、鲤子	鲤科 Cyprinidae
	鲤属 *Cyprinus*

形态特征： 体中等延长，侧扁，略呈纺锤形，背部稍隆起。口端位，呈马蹄形，上颌包着下颌。须 2 对，吻须较短，颌须较长。眼中大，侧上位。体被圆鳞，侧线完全，侧线鳞 34—38 个。背鳍 iv–15–18，基部甚长，起点位于腹鳍起点稍前方，末根不分枝鳍条粗硬，后缘具锯齿。臀鳍短小，iii–5，末根不分枝鳍条也粗硬，后缘具锯齿。下咽齿 3 行。本种的体色常有一些变化，一般体背部灰黑色或黄褐色，体侧带金黄色，腹部银白色或浅灰色，尾鳍下叶红色，偶鳍淡红色。

生态习性： 多生活于开阔水域的中、下层，适应性强。体长通常在 300mm，最大可达 1.2m。杂食性，以软体动物、水生昆虫和水草为主食。能在各种水域繁殖，2 冬龄即可达到性成熟，繁殖期 3—6 月，分批成熟分批产卵，卵为黏性，附着在水草或其他物体上。

分　　布： 温州见于各水系。国内广泛分布于我国江河、湖泊、水库等水体之中。国外见于俄罗斯，朝鲜、日本及欧洲等。

42. 瓯江彩鲤

Cyprinus carpio var. color

学　名：*Cyprinus carpio* var. color	分类地位：鲤形目 Cypriniformes
俗　名：田鱼、红田鱼、田鲤	鲤科 Cyprinidae
	鲤属 *Cyprinus*

形态特征： 为鲤的一个变种，基本体型与鲤相似，体稍短，鳞片柔软光滑。常见的有"全红"（全身体表均为红色）、"大花"（红色体表镶嵌大块黑色斑纹）、"麻花"（红色体表散布小块黑色斑点）、"粉玉"（全身体表为粉白色）以及"粉花"（粉白色体表镶嵌大块黑色斑纹）等5种基本体色。如此丰富的体色在我国的淡水鱼类中极为罕见。

生态习性： 与鲤相似，但性温和，不善跳跃。无论在稻田还是池塘中大多喜栖息在底质松软或水草丛生的底层，晴天时也在水面集群游动。适温范围广，最适生长温度为15—28℃，可自然越冬。杂食性，食谱广，有昆虫、水草、绿萍、菜叶以及高等植物碎屑和丝状藻类等。生长快，2龄即可性成熟，此时体长一般在250mm以上，体重在1.5kg左右。

分　　布： 瓯江流域的地方性养殖对象，是温州、青田一带稻田养鱼的主要鱼种。

43. 鲫

Carassius auratus (Linnaeus)

学　　名：*Carassius auratus*（Linnaeus，1758）	分类地位：鲤形目 Cypriniformes
俗　　名：鲫鱼、喜头、河鲫鱼	鲤科 Cyprinidae
	鲫属 *Carassius*

形态特征： 体高而侧扁，头后背部隆起，尾柄宽短，腹部圆形。头短小，吻钝，无须；口小，端位，口裂稍下斜，上颌骨后端达前鼻孔下方。下咽齿 1 行，侧扁，铲形。鳞片大，侧线前部微弯，侧线鳞 23—30 个。背鳍基长，iii-15-19，起点与腹鳍起点几乎相对。臀鳍基短，iii-5。背鳍、臀鳍最末不分枝鳍条粗硬，后缘具锯齿。胸鳍不达腹鳍，腹鳍不达尾鳍。鳃耙呈针状，42—47。体背银灰色而略带黄色光泽，腹部银白而略带黄色，各鳍灰白色。根据生长水域不同，体色深浅有差异。

生态习性： 池塘、湖泊、河流、水库等水体的习见底层鱼类，尤其喜欢水草丛生的浅水区栖息与繁殖，幼鱼食性由小型浮游甲壳类转向杂食性，成鱼则以植物性为主。繁殖期在 3—7 月，分批产卵，生长速度快，池塘人工养殖条件下，当年体重可达 100—150g，2 龄鱼可达 250—400g，天然水域最大可达 500g 以上。

分　　布： 温州见于各水系。国内广泛分布于除青藏高原之外的全国各水系的各种水体中。国外见于日本，广泛引入世界各地。

鳅科 Cobitidae

44. 中华花鳅
Cobitis sinensis Sauvage & Dabry

学　　名：*Cobitis sinensis* Sauvage & Dabry，1874

曾用名/俗名：中华鳅、沙鳅、花鳅

分类地位：鲤形目 Cypriniformes　鳅科 Cobitidae　花鳅属 *Cobitis*

形态特征： 体延长，侧扁，腹部圆，背、腹轮廓几平行。口小，下位。须3对，口角须末端后伸不达眼前缘。眼侧上位，眼下刺分叉。背鳍 iv-6-7，起点在吻端至尾鳍基之间的中点。胸鳍小，i-8，末端远离腹鳍。腹鳍起点在背鳍起点之前，臀鳍 i-6，起点约位于腹鳍起点至尾鳍基的中点。尾鳍稍呈圆形或平截。体被细鳞，颊部裸露无鳞。侧线不完全，仅在胸鳍上方存在。身体浅黄色，色斑常有变化，头部吻端经眼至头顶有1条黑色斜线，在头顶后方左右相接。在背部正中有1列黑褐色方斑，在背鳍前有5—8个，背鳍基上2—3个，背鳍后有6—16个。在体侧沿中轴有11—15个较大斑块。尾鳍基有1个大黑斑，此外，在头部上方及体背侧有不规则的虫蚀纹，背鳍及尾鳍各有数条继续条纹。

生态习性： 溪流性底栖小鱼，常见体长81—141mm。喜在山溪、急流、水质清澈、泥砂底质的水域中生活，静水水体中很少见。以底栖生物及有机腐屑为食。春夏季产卵繁殖。

分　　布： 温州见于瓯江支流的中上游溪流。国内广泛分布于珠江水系、元江、海南岛、闽江、台湾、钱塘江、长江及黄河、海河中下游、嘉陵江和渠江上游。国外分布于泰国、印度、斯里兰卡等。

45. 泥鳅

Misgurnus anguillicaudatus (Cantor)

学　　名：*Misgurnus anguillicaudatus*（Cantor，1842）	分类地位：鲤形目 Cypriniformes
俗　　名：泥鳅	鳅科 Cobitidae
	泥鳅属 *Misgurnus*

形态特征： 体形细长，前部圆柱状，后部侧扁。头锥形。眼小，上侧位，无眼下刺。口下位，马蹄形。须 5 对，以颌须最长，向后延伸可达眼前缘下方，鼻孔近眼前。鳞极其细小，圆形，埋于皮下；侧线不完全。背鳍 iv-7，位于体中点后方较近尾鳍基。胸鳍 i-8-9，末端远离腹鳍。腹鳍 i-5-6，末端不达臀鳍。臀鳍 iii-5，起点在背鳍末端下方。尾鳍圆形，尾柄上下有较发达的皮褶。体色随生活环境而变，一般背部深灰或褐色，腹部浅黄色或灰白色，在尾鳍基上角有 1 个黑斑。背鳍及尾鳍有较密的黑色小点，其余各鳍灰白色。

生态习性： 小型底层鱼类，体长通常在 95—195mm。生活在淤泥底的静止或缓流水体内，摄食淤泥中的藻类，兼食浮游动物。适应性较强，可在含腐殖质丰富的环境内生活。当水缺氧时，可进行肠呼吸，而在水体干涸后，又可钻入泥中潜伏。性成熟后两性在形态上略有不同。雌鱼由于怀卵鱼体较为肥大，胸鳍短小，无珠星。雄鱼鱼体清瘦，胸鳍尖而较长，有少数珠星。繁殖期为 5—6 月，分批产卵，受精卵黏附在水草上孵化。

分　　布： 温州见于各水系。国内除青藏高原外，全国各地河川、沟渠、水田、池塘、湖泊及水库等天然淡水水域中均有分布，尤其在长江和珠江流域中下游分布极广。国外见于俄罗斯、朝鲜、日本、印度等。

46. 大鳞副泥鳅

Paramisgurnus dabryanus Dabry de Thiersant

学　　名：*Paramisgurnus dabryanus* Dabry de Thiersant，1872	分类地位：鲤形目 Cypriniformes
俗　　名：泥鳅	鳅科 Cobitidae
	副泥鳅属 *Paramisgurnus*

形态特征： 体长形，侧扁，体较高，腹部圆。尾柄上下的皮褶发达，上皮褶起点靠近背鳍基末端，下皮褶起点与臀鳍基末端相接，末端均与尾鳍相连。口下位，呈马蹄形。唇发达，其上有许多皱褶。须 5 对，最长 1 对口须的末端可达前鳃盖骨后缘。眼稍大，位于头侧上方，无眼下刺。背鳍短，iv-7，起点至吻端较距尾鳍基的距离为远。胸鳍末端不达腹鳍。腹鳍起点位于背鳍起点稍后。臀鳍 iii-5 尾鳍末端圆形。头部裸露，侧线不完全，后端不超过胸鳍末端上方。体背部及两侧上半部灰褐色，下半部及腹部浅黄色。背鳍及尾鳍上有许多不规则小黑斑。

生态习性： 常见于底泥较深的湖边、池塘、稻田、水沟等浅水水域。体长通常在 70—203mm。对低氧环境适应性强，除了鳃呼吸外，还可以进行皮肤呼吸和肠呼吸。杂食性，以植物食物为主，一般多为夜间摄食。

分　　布： 温州见于瓯江水系。国内分布于浙江、长江、黄河、辽河、黑龙江等。国外在欧洲有逃逸的报道。

爬鳅科 Balitoridae

47. 原缨口鳅
Vanmanenia stenosoma (Boulenger)

学　　名：*Vanmanenia stenosoma*（Boulenger，1901）

俗　　名：菩萨鱼、石扁、岩泊

分类地位：鲤形目 Cypriniformes　平鳍鳅科 Balitoridae
原缨口鳅属 *Vanmanenia*

形态特征： 体延长，腹部平，背部稍隆起。吻较短，吻褶分为3叶，边缘多呈短须状。具吻沟。口下位，下唇褶分为4叶。后唇沟不连续。具须4对，其中吻须2对、颌须2对，吻须内侧1对很小。眼小，上侧位。鳃孔伸达头部腹面。背鳍小，iii-7，起点位于腹鳍基部至臀鳍起点之间的1/3处或稍前。胸鳍和腹鳍平展，臀鳍靠近尾鳍。尾鳍浅叉形。鳞细小，腹侧无鳞。侧线完全，体色与所栖环境的卵石颜色相近。头及体上散有许多虫蚀状斑纹或斑块。尾鳍基具1个大黑斑或斑条。奇鳍有明显的褐色斑纹、条纹，偶鳍偶有斑纹。

生态习性： 溪涧底栖小型鱼类，常见体长为47—53mm，能利用胸鳍和腹鳍吸附在石块上，刮食石块上的附生藻类。

分　　布： 温州见于瓯江水系。为中国特有种，分布于浙江沿海各水系及鄱阳湖水系。

48. 纵纹原缨口鳅

Vanmanenia caldwelli (Nichols)

种　名：*Vanmanenia caldwelli*（Nichols，1925）	分类地位：鲤形目 Cypriniformes 平鳍鳅科 Balitoridae
俗　名：菩萨鱼	原缨口鳅属 *Vanmanenia*

形态特征： 体延长，前部稍平扁，后部侧扁，背缘在背鳍前方隆起，后方平直，腹部平坦。头短小，平扁，吻长，前缘圆，吻褶发达，吻褶分为 3 叶。具吻沟。口小，下位，下唇褶分为 4 叶。具须 4 对，其中吻须 2 对，内侧细短。眼小，上侧位。鳃孔伸达头部腹面。背鳍小，iii–7，起点前于腹鳍起点，距吻端较距尾鳍基为近。臀鳍起点约位于腹鳍和尾鳍基的中点，鳍端伸达尾鳍基。胸鳍和腹鳍平展。尾鳍斜截形，中央稍凹。体被细小圆鳞，头部及胸腹部无鳞。侧线完全、平直，位于体侧中央，向后伸达尾鳍基。环绕吻端过眼眶中部并沿侧线有 1 条黑色的纵纹，各鳍均有由黑色斑点组成的条纹。

生态习性： 溪涧底栖小型鱼类，常见体长为 56—61mm。能利用胸鳍和腹鳍吸附在石块上，刮食石块上的附生藻类。

分　　布： 温州见于瓯江支流的上游。国内见于瓯江至闽江水系。国外未见报道。

49. 拟腹吸鳅

Pseudogastromyzon fasciatus (Sauvage)

学　　名：*Pseudogastromyzon fasciatus*（Sauvage，1878）	分类地位：鲤形目 Cypriniformes 平鳍鳅科 Balitoridae 拟腹吸鳅属 *Pseudogastromyzon*

形态特征： 体延长，前部平扁，后部侧扁，背缘在头后部隆起，腹部平坦。头宽短，平扁，吻宽长，前缘稍圆；吻褶发达，分为 3 叶，每叶边缘具浅缺刻。具吻沟。口小，下位，浅弧形。上颌突出，裸露；下颌呈铲形，边缘坚韧。须 3 对。眼小，上侧位。鳃孔颇小，新月形，位于胸鳍基部前上方，不延伸至头部腹面。体被细小圆鳞，头部、腹部无鳞；侧线完全，侧线鳞 68—79 个。背鳍短小，iii–7，起点距吻端较距尾鳍基为近。臀鳍 ii–5，位于背鳍后下方，起点距尾鳍基较距腹鳍基为近，鳍端伸达尾鳍基。胸鳍宽大，半圆形，具 1 个不分枝鳍条。腹鳍小，也具 1 个不分枝鳍条。尾鳍斜截形，上部鳍条短于下部。体背侧蓝黑色，腹部淡蓝色，体侧自头后至尾鳍基有 16—21 条黑褐色细横带。各鳍均有黑色小点组成的斜带。

生态习性： 栖息于山溪激流多砾、砂石河段的底层小型鱼类，常见体长 45—68mm，最大可达 100mm。

分　　布： 温州见于瓯江水系支流的上游。国内分布于自瓯江至闽浙沿海各水系。

鮎形目
Siluriformes

鲇科 Siluridae

50. 鲇

***Silurus asotus* Linnaeus**

学　　名：*Silurus asotus* Linnaeus，1758
俗　　名：鲶鱼
分类地位：鲇形目 Siluriformes　鲇科 Siluridae　鲇属 *Silurus*

形态特征： 体延长，前部粗壮，尾部侧扁。头平扁，头顶光滑。吻短而钝。口上位，口裂大，呈弧形。上、下颌及犁骨具绒毛状齿带。眼小，侧上位。鼻孔2个，前后分离。须2对，颌须很长，末端远远超过胸鳍起点；颏须较短，不及颌须的1/3。鳃孔大，鳃膜不与峡部相连，鳃耙粗短而稀疏，末端较尖。侧线完全，较平直，侧线上有1列黏液孔。体裸露无鳞。背鳍短小，无硬棘，位于胸鳍的后上方。无脂鳍。胸鳍下侧位，圆扇形，有发达的硬棘，前缘具细锯齿，内缘锯齿发达。腹鳍小，末端可达臀鳍起点。臀鳍基部甚长，末端与尾鳍相连。尾鳍较短，略呈截形。肛门近臀鳍。体暗灰色或灰黄色，腹部灰白色，有些个体体侧分散有灰色的云状斑纹。

生态习性： 底栖性鱼类，体长一般为200—250mm。多分布于较大的江河，喜栖息于水草丛生、水流缓慢的泥质底。白天多隐蔽，晚间则十分活跃，也常游至浅水处觅食。秋后潜居于深水或污泥中越冬。肉食性，以虾和小鱼为食。产卵期为4—6月，卵黏性，多产在水草或石块上，其卵有毒，误食会引起腹痛或腹泻。

分　　布： 温州见于各水系。国内除了青藏高原和新疆以外遍布全国各水系。国外见于俄罗斯、朝鲜半岛、日本。

鲿科 Bagridae

51. 黄颡鱼
Tachysurus fulvidraco (Richardson)

学　　名：*Tachysurus fulvidraco*（Richardson，1846）

俗　　名：黄塘丁、黄刺丁、黄丫头

分类地位：鲇形目 Siluriformes　鲿科 Bagridae　疯鲿属 *Tachysurus*

形态特征： 体延长，前部宽扁，自吻端到背鳍陡斜，后部侧扁。头大，平扁，头背粗糙，为皮膜所盖，枕骨嵴裸露。吻短钝；口大，下位，上颌稍长于下颌。上下颌齿绒毛状，排列成齿带，腭骨齿带新月形。头部须 4 对，鼻须、颌须各 1 对、颏须 2 对，颌须最长，末端向后伸达或超过胸鳍基部。前、后鼻孔相距较远。鳃孔宽阔，向前伸达眼中部下方腹面。鳃耙短小。体无鳞，皮肤光滑。侧线平直。背鳍较小，具 2 枚棘，第一枚棘短，埋于皮下；第二枚棘长而锐利，内缘具细锯齿。脂鳍短小，起点位于臀鳍起点稍后。胸鳍下侧位，具 1 枚尖锐硬棘，棘的前、后缘均有锯齿，外缘的锯齿细小，内缘锯齿发达，基部上方具 1 块长的肩骨。臀鳍基长，无鳍棘。尾鳍深分叉。体背部黑褐色，体侧黄褐色，并有 3 条断续的黑色条纹，腹部淡黄色，各鳍灰黑色。

生态习性： 小型底栖鱼类，常见体长在 120—300mm。栖息于水流缓慢、水生植物丛生的水底层，适应性很强，白天极少活动，夜间外出觅食，以水生昆虫及其幼虫、小鱼、小虾、软体动物为食。2 龄性成熟，产卵期在 5—6 月，雄鱼有筑巢习惯。

分　　布： 温州见于各水系。国内广泛分布于珠江、闽江、长江、湘江、黄河、海河、松花江及黑龙江水系。国外分布于俄罗斯、老挝、越南。

52. 光泽黄颡鱼

Tachysurus nitidus (Sauvage & Dabry de Thiersant)

学　　名：*Tachysurus nitidus*（Sauvage & Dabry de Thiersant，1874）	分类地位：鲇形目 Siluriformes 鲿科 Bagridae
俗　　名：黄塘丁、黄刺丁	疯鲿属 *Tachysurus*

形态特征： 头顶后部裸露，枕骨嵴突明显；吻尖而突出，圆锥形。头部须 4 对，鼻须、颌须各 1 对、颏须 2 对，均细小，颌须末端不达胸鳍基部。胸鳍有硬棘，棘的外缘光滑，仅内缘具细锯齿，基部上方无长的肩骨。腹鳍圆扇形。体灰黄色，背侧较深，腹部较浅，各鳍灰褐色。体侧常有 2 个暗色大斑块。

生态习性： 小型底栖鱼类，常见体长在 105—149mm。栖息于湖泊、江河支流的中下层。白天很少活动，夜间外出觅食，以水生昆虫和小鱼、小虾为食。产卵期在 5—6 月。鳍棘有毒，被刺后会产生剧痛、红肿。

分　　布： 温州见于瓯江水系支流。国内分布于黑龙江至闽江等水系。国外分布于俄罗斯。

53. 盎堂拟鲿
Pseudobagrus ondon Shaw

学 名：	*Pseudobagrus ondon* Shaw，1930	分类地位：	鲇形目 Siluriformes
			鲿科 Bagridae
俗 名：	黄塘丁、黄刺丁		拟鲿属 *Pseudobagrus*

形态特征： 体延长，腹鳍以前近筒状，以后渐侧扁。头较短，头顶皮膜较厚，光滑，枕骨突模糊可见。吻圆钝，口下位。上下颌齿呈绒毛状齿带。头部须4对，鼻须、颌须各1对，颏须2对，颌须最长，末端伸达胸鳍腋部。眼较小，上侧位，眼缘不游离。鼻孔2位，前后远离。鳃孔较大，鳃膜与峡部不相连。体无鳞，皮肤光滑。侧线平直。背鳍起点位于吻端至臀鳍起点之间的中央，鳍棘光滑无锯齿。脂鳍基短于臀鳍基；胸鳍棘后缘有较粗的锯齿。腹鳍末端达臀鳍起点。臀鳍较长，基部末端与脂鳍基部末端近相对。尾鳍略浅凹，近圆形。体灰黄色，微带绿色，头的背面与背鳍前方背侧为灰黑色，颈部有1条较宽的横带，横跨颈部到胸鳍基部上方，将头与背部分开。沿体侧中间有1条宽阔的灰黑色纵带，延伸至尾鳍。

生态习性： 为溪流中生活的小型底层鱼类，常见体长82—188mm。白天多潜居洞穴或石隙，夜间出来活动，以水生昆虫为主要食物。

分　　布： 温州见于瓯江水系。国内分布于黄河水系、汉水水系、淮河水系、曹娥江、灵江、瓯江等水系。国外未见报道。

54. 条纹拟鲿

Pseudobagrus taeniatus (Günther)

学　名：	*Pseudobagrus taeniatus*（Günther，1873）	分类地位：	鲇形目 Siluriformes
			鲿科 Bagridae
俗　名：	黄塘丁、黄刺丁		拟鲿属 *Pseudobagrus*

形态特征： 体延长，后部侧扁。头顶被皮膜，上枕骨棘及项背骨裸露，且有 1 个小凸起。吻平扁而宽阔，口端位，唇较厚，上颌稍突出于下颌，上、下颌及腭骨具绒毛状齿带。眼较小，侧上位。前后鼻孔相距较远，前鼻孔位于吻端，呈短管状，后鼻孔呈裂缝状。须略长，鼻须后端超过眼后缘或更后。颌须后延伸超过胸鳍起点。外侧颏须较内侧颏须长。鳃孔大。鳃盖膜不与鳃峡相连。背鳍硬棘前后缘光滑，无锯齿，起点距吻端略小于距脂鳍起点。脂鳍基短于臀鳍基。臀鳍较长，鳍条 18—20 枚。胸鳍下侧位，硬棘前缘光滑，后缘具强锯齿，鳍条后伸不达腹鳍基。腹鳍起点位于背鳍基后端下方之后。尾鳍后缘略凹圆乃至截形。体呈黄褐色，体侧有 1 条黑色纵纹。

生态习性： 小型底栖鱼类，常见体长 66—236mm，多夜间出来活动，以水生昆虫为主要食物。

分　　布： 温州见于瓯江水系。国内分布于闽江至长江水系。国外未见报道。

55. 切尾拟鲿
Pseudobagrus truncatus (Regan)

学　　名：	*Pseudobagrus truncatus*（Regan，1913）	分类地位：	鲇形目 Siluriformes 鲿科 Bagridae 拟鲿属 *Pseudobagrus*
俗　　名：	牛尾巴		

形态特征： 体延长，后部侧扁。头顶被皮膜，上枕骨嵴细。吻短，圆钝，口亚下位，弧形。唇厚，上颌突出于下颌，上下颌及腭骨具绒毛状齿带。眼小，侧上位，被以皮膜。眼间隔宽平。前后鼻孔相距较远，前鼻孔位于吻端，呈短管状，后鼻孔呈裂缝状。鼻须位于后鼻孔前缘，后端超过眼后缘。颌须后延达胸鳍起点。外侧颏须较内侧颏须长。鳃孔大，鳃盖膜不与鳃峡相连。体裸露无鳞，侧线完全，较平直。背鳍硬棘短，头长约为棘长的 2 倍，前后缘光滑无锯齿，起点距吻端大于距脂鳍起点。脂鳍低而长，基长约等于臀鳍基长，两者相对。臀鳍起点至尾鳍基的距离大于至胸鳍基后端。胸鳍短小，下侧位，硬棘前后均具锯齿，前缘锯齿弱，后缘锯齿发达，鳍条后伸达腹鳍。腹鳍起点位于背鳍基后端下方之后。尾鳍后缘微凹或平截形。体背侧黑褐色，腹部灰褐色，体侧正中有数块不规则、不明显的暗斑。各鳍灰黑色。

生态习性： 小型底栖鱼类，一般体长为 96—156mm。多在夜间出来活动，以水生昆虫为主要食物。

分　　布： 温州见于瓯江水系。国内分布于闽江至长江、黄河水系。国外未见报道。

56. 白边拟鲿

Pseudobagrus albomarginatus (Rendahl)

学 名：*Pseudobagrus albomarginatus*（Rendahl，1928）	分类地位：鲇形目 Siluriformes
	鲿科 Bagridae
俗 名：黄塘丁、黄刺丁、汪刺	拟鲿属 *Pseudobagrus*

形态特征：体延长，前部粗壮，后部侧扁。头背被粗糙皮膜。口下位，弧形。上下颌及腭骨具绒毛状齿带。眼小，侧上位，无游离眼睑，被以皮膜。眼间隔宽，稍隆起。吻短而圆钝。须4对，均较短小，鼻须刚达眼前缘，颌须稍过眼的后缘，外侧颏须长于内侧。前后鼻孔相距较远，前鼻孔位于吻端，呈短管状。鳃孔大，鳃盖膜不与鳃峡相连，鳃耙短小，末端尖。肩骨显著突出，位于胸鳍上方。体裸露无鳞，侧线完全，较平直。背鳍基部较短，起点距吻端与距脂鳍起点约相等，第一枚硬棘埋于皮下，第二枚硬棘发达，其长大于胸鳍棘，前缘光滑，后缘粗糙。脂鳍低而长，基长大于臀鳍基长，较肥厚。胸鳍具硬棘，后缘锯齿发达。腹鳍腹位，鳍端盖过肛门而不达臀鳍。臀鳍基部较长，起点约与脂鳍相对，鳍末不达尾鳍。尾鳍圆形。体背及两侧呈青褐色，腹部黄白色，各鳍灰黑色，尾鳍边缘淡黄色至白色。

生态习性：小型底栖鱼类，常见体长142—181mm。以水生昆虫为主要食物，多夜间出来活动。成熟两性形态略有不同，雌性个体粗壮，雄性个体明显瘦长。

分　　布：温州见于各水系。国内分布于闽江至长江水系。国外未见报道。

海 鲇 科
Ariidae

57. 丝鳍海鲇

Arius arius (Hamilton)

学　　名：*Arius arius*（Hamilton，1822）

俗　　名：海鲇

分类地位：鲇形目 Siluriformes　海鲇科 Ariidae　海鲇属 *Arius*

形态特征： 体延长，头部锥形，后部稍侧扁。头较大，枕骨部被有小颗粒状棘，枕骨中间形成1个隆起嵴，后方伸达背鳍基部，前方形成1条狭窄的沟，伸达两眼中间。吻钝，上具有发达的黏液孔。眼较小，眼间隔微凸。鼻孔每侧2个，相距很近，后鼻孔有发达的鼻瓣。口大，下位，口裂近水平。两颌齿绒毛状，排列呈带状，上颌齿带左右连续，下颌齿带有分离。腭齿颗粒状，呈长三角形齿丛，排列较稀疏。唇须1对，尖端可达胸鳍的基部；下颌须2对，外侧者较长。鳃孔宽大，鳃盖膜与峡部相连，但后缘游离，鳃耙发达。体裸露无鳞，皮肤光滑。侧线较明显。背鳍起点在胸鳍后上方，鳍棘粗强，侧扁，前、后缘均有锯齿，鳍棘鳍条部完全相连，第一个鳍倒伏时几乎达脂鳍起点。脂鳍较小。臀鳍较大，起点在腹鳍尖端后方。胸鳍位低，近体侧下缘，鳍棘短于背鳍棘。腹鳍腹位。尾鳍深叉形。各鳍鳍条部除尾鳍外均被较发达的皮膜。体背部黑褐色，体侧下方及腹面淡黄色，各鳍淡灰褐色，脂鳍上具1个黑斑。

生态习性： 暖水性底层鱼类，常见体长150—240mm，最长记载361mm。常在缓流的泥砂底活动，主要以甲壳类、贝类以及小鱼为食。在生殖季节结成大群，游向沿岸和河口浅水产卵。雄鱼有口内孵卵育仔习性。

分　　布： 温州见于河口及近海。我国分布于东海和南海。国外分布于巴基斯坦、印度及东印度洋沿岸的孟加拉国、缅甸、印尼、新加坡、泰国、越南、菲律宾、马来群岛等地沿海。

胡瓜鱼目
Osmeriformes

香鱼科 Plecoglossidae

58. 香鱼

Plecoglossus altivelis (Temminck & Schlegel)

学　　名：*Plecoglossus altivelis*（Temminck & Schlegel，1846）

俗　　名：香鱼、年鱼

分类地位：胡瓜鱼目 Osmeriformes　香鱼科 Plecoglossidae　香鱼属 *Plecoglossus*

形态特征： 体狭长而侧扁。头小，吻端下垂，形成吻钩。眼侧上位，眼间隔宽而隆突。鼻孔距眼较距吻端为近。口稍大，窄而长，上颌骨伸达眼的后方，下颌前端有 1 个凸起，两凸起之间有 1 个明显凹陷，口闭时，吻钩恰置于上颌的凹内，下颌凸起也正吻合于吻钩里面的小孔内。两颌边缘的齿侧扁形，似梳状。犁骨无齿，腭骨和舌上具齿。鳃孔大，鳃盖膜与峡部相连，鳃耙细长而密，假鳃发达。头部无鳞，体密被细小圆鳞。侧线发达。背鳍中位，起点稍前于腹鳍。脂鳍和臀鳍的后基相对。臀鳍远位于背鳍的后下方。胸鳍位低，向后不达于腹鳍。腹鳍腹位，起点距臀鳍起点较距胸鳍起点为近。尾鳍深叉形。身体背部青黑色，体侧面由上半部至下半部逐渐呈黄色，腹部银白，各鳍皆为淡黄色，脂鳍周围微红色，胸鳍上方有一群黄色的斑点。

生态习性： 为咸淡水洄游性种类，每年秋季亲鱼到河口产卵，孵化后的幼鱼进入海内越冬，次年春季幼鱼体长达 46mm 左右，再溯河而上，上溯时一天可达 20km 以上。夏天生长发育，当年秋天性即成熟，但寿命很短，秋天产卵后即死去。体长一般可达 180—250mm，体重 100g 左右。

分　　布： 温州见于瓯江及支流。国内广泛分布于南北沿海和台湾。国外分布于韩国、日本。

银 鱼 科
Salangidae

59. 中国大银鱼
Protosalanx chinensis (Basilewsky)

学　　名：*Protosalanx chinensis*（Basilewsky，1855）

俗　　名：面条鱼、面杖鱼、银鱼、大银鱼

分类地位：胡瓜鱼目 Osmeriformes　银鱼科 Salangidae

　　　　　大银鱼属 *Protosalanx*

形态特征： 体长形，前部平扁，后部侧扁。头宽而平扁，吻尖，呈平扁状三角形。眼侧位。眼间隔宽平。口小，口裂短，前颌骨不膨大，上颌骨向后伸达眼中间的下方，下颌突出。前颌骨齿1行，腭齿每侧2行，下颌齿每侧2行，舌上有齿2行。鳃孔很大，鳃盖骨薄，鳃耙短，3+13，具假鳃。尾柄短。肛门靠近臀鳍。体光滑。性成熟时雄鱼臀鳍基部有1行鳞。背鳍靠近身体后部，前于臀鳍的前上方。脂鳍与臀鳍基末端相对。臀鳍大，基部长，始于背鳍后方。胸鳍呈扇形，大而尖，基部的肉质片很发达。腹鳍起点距鳃孔较距臀鳍起点为近。尾鳍叉形。体白色，半透明状。两侧腹面各有1行黑色色素点。

生态习性： 属河口性鱼类，也进入淡水中生活，活动于水体上层。常见体长为133—145mm，幼鱼阶段食浮游动物的枝角类、桡足类和一些藻类。体长约90mm时转为肉食性，以虾、银鱼、鲚等为食。产卵期在3月，产沉性卵。

分　　布： 温州见于瓯江河口。国内主要分布于东海、黄海、渤海沿岸及长江、淮河中下游河道和湖泊水库。国外分布于日本、朝鲜半岛、越南。

仙女鱼目
Aulopiformes

狗母鱼科 Synodontidae

60. 龙头鱼

Harpadon nehereus (Hamilton)

学　　名：*Harpadon nehereus*（Hamilton，1822）

俗　　名：虾潺、镰齿鱼、龙头烤

分类地位：仙女鱼目 Aulopiformes　狗母鱼科 Synodontidae
　　　　　龙头鱼属 *Harpadon*

形态特征：体延长，柔软，前部亚圆筒形，后部略侧扁。头中大，吻短，钝圆。眼很小，距吻端甚近。脂眼睑很发达，眼间隔宽。鼻孔大，距眼甚近。口大，斜裂，远伸到眼之后，下颌较上颌略长。两颌具细小的钩状齿，能倒伏。犁骨齿1行，腭骨每侧有一组齿带，舌上密生许多细尖的齿。鳃孔大，鳃盖光滑，假鳃稍明显，鳃盖膜不与峡部相连，鳃盖条23，鳃耙不发达，如细针尖状。尾柄短。肛门约介于腹鳍起点和尾鳍基之间。身体肌肉松弛而柔软，大部光滑无鳞，唯侧线上有1行较大的鳞直抵尾叉。背鳍1个，位于体中部上方，前部鳍条略延长。脂鳍位于臀鳍基中间的上方。胸鳍位甚高，向后伸到腹鳍基。腹鳍发达，较胸鳍略长。尾鳍3枚叉形，中叶较短。身体乳白色，背鳍、胸鳍和腹鳍灰黑色或白色，臀鳍白色，尾鳍灰黑色。

生态习性：常见的河口及近海性鱼类，一般体长250mm左右，最大可达400mm。肉食性，以鱼、虾、蟹及头足类等为食，个性凶残，食量大。

分　　布：温州见于瓯江河口。国内分布于南海、东海和黄海南部。国外分布于印度–西太平洋，从索马里至巴布亚新几内亚，北达日本，南至印度尼西亚。

鯔形目
Mugiliformes

鲻科 Mugilidae

61. 鲻

Mugil cephalus Linnaeus

学　　名：*Mugil cephalus* Linnaeus，1758

俗　　名：鲻鱼、乌鲻

分类地位：鲻形目 Mugiliformes　鲻科 Mugilidae　鲻属 *Mugil*

形态特征： 体长梭形，前部近圆筒状，后部侧扁。头中大，吻宽短，眼位头的前半部，眼下缘及后端具细锯齿，前后脂眼睑发达，伸达瞳孔。前鼻孔圆形，后鼻孔裂缝状。口亚下位，口裂小而平横，上颌中央有一缺刻，下颌边缘锐利，中央有1个凸起。上、下颌均具单行细弱齿，犁骨、腭骨、舌上无齿。假鳃发达。鳃耙细密。鳞大，体为弱栉鳞，头部为圆鳞，除第一个背鳍外，各鳍均被小圆鳞。第一个背鳍、胸鳍、腹鳍都具鳞瓣。无侧线。背鳍2个。第一个背鳍具4枚鳍棘，始于胸鳍后上方，第二个背鳍为鳍条，位于臀鳍上方。臀鳍具3枚鳍棘，8条鳍条，起点前于第二个背鳍起点，胸鳍高位，较宽大。腹鳍位于胸鳍后部下方。尾鳍叉形。体银白色，体侧上半部偶有几条由鳞片上的色素堆积而成的暗色纵带。各鳍浅灰色，胸鳍基部常有1个黑色斑块。

生态习性： 广温、广盐性鱼类，多见于咸淡水混合水体和江河入口处的砂泥底水域，偶进入淡水河段。以浮游动物、底栖生物及有机碎屑为食。常见体长150—350mm，最大可达1m。

分　　布： 温州见于瓯江河口。我国广泛分布于沿海及通海的淡水河流中。国外广泛分布于热带、亚热带、温带的河口和近岸水域。

62. 鮻

Liza haematocheila (Temminck & Schlegel)

学　　名：*Liza haematocheila*（Temminck & Schlegel，1845）	分类地位：鲻形目 Mugiliformes
	鲻科 Mugilidae
俗　　名：鲻鱼、赤眼鲅、蛇头鳟	鮻属 *Liza*

形态特征： 体长梭形，前部亚圆筒形，后部侧扁，背缘平直，无正中棱嵴，腹部圆形。头背视宽扁，两侧隆起。吻短，眼较小，脂眼睑不发达，仅存在于眼的边缘。眼间隔宽而平坦，眶前骨下缘及后端具锯齿。前鼻孔圆形，后鼻孔裂缝状。口小，下位，口裂小而平横，上颌中央有1个缺刻，下颌边缘锐利，中央有1个凸起。齿细弱，绒毛状，上颌齿单行，下颌、犁骨、腭骨均无齿。舌小，无齿。鳃孔大，鳃盖膜不与峡部相连，假鳃发达。鳃耙细密。头部被圆鳞，其余体部均被强栉鳞栉齿细弱。除第一个背鳍外，各鳍均被小圆鳞。第一个背鳍、胸鳍、腹鳍都具鳞瓣。体无侧线。背鳍2个，相隔较远。臀鳍第三枚鳍棘最长，起点前于第二个背鳍起点。胸鳍等于或大于眼后头长。腹鳍位于胸鳍后部下方。尾鳍凹入，近叉形。体青灰色，腹部银白色，上侧有黑色纵纹数条，各鳍浅灰色。

生态习性： 广温、广盐性鱼类，多栖息于沿海及河口的咸淡水中，亦可进入江河。常见体长200—350mm。幼鱼以食浮游硅藻及桡足类为主，成鱼食腐败有机质及泥砂中小生物为主。3龄性成熟，产卵期在5月份，分批产卵，为目前港养鱼类主要对象之一。

分　　布： 温州见于瓯江下游和河口。我国分布于各海区的沿海水域。国外分布于朝鲜半岛和日本，也有引入欧洲和黑海的报道。

63. 棱鲛
Liza carinata (Valenciennes)

学　名：*Liza carinata*（Valenciennes，1836）	分类地位：鲻形目 Mugiliformes
俗　名：乌鲻、鲻鱼	鲻科 Mugilidae
	鲛属 *Liza*

形态特征：体长梭形，前部亚圆筒形，背面正中具 1 行隆起的鳞嵴，尾部侧扁，腹部圆形。头圆锥形，两侧隆起。吻短而钝。眼大，上侧位，脂眼睑不发达，仅存在于眼的边缘，眶下缘及后端具锯齿。前鼻孔圆形，后鼻孔裂缝状。口亚下位，口裂小而平横，上颌中央有 1 个缺刻，下颌边缘锐利，中央有 1 个凸起。齿细小，绒毛状，上颌齿单行，下颌、犁骨及腭骨均无齿。鳃孔大，具假鳃。鳃耙短而细密。体被大型弱栉鳞，头部除鼻孔前方无鳞外，余均被圆鳞。部分鳍被小圆鳞；各鳍基部有 1 枚长形鳞瓣，无侧线。背鳍 2 个，前背鳍起点位于胸鳍鳍端后上方，后背鳍起点距第一个背鳍较距尾鳍基底为近。臀鳍与第二个背鳍相似。胸鳍短于吻后头长。腹鳍位于胸鳍后半部下方。尾鳍分叉。背侧面青灰色，腹部银白色，体侧具暗色纵带数条，背鳍、尾鳍灰色，腹鳍、臀鳍稍呈淡黄色。

生态习性：暖水性近岸鱼类，多栖息于淡水河口及近海岸水区，也可进入淡水江段下游。生殖期约在 3 月中。常见体长在 200mm 左右，最大可达 600mm。

分　　布：温州见于瓯江河口和下游。我国分布于黄海南部、东海和南海。国外分布于朝鲜半岛、日本。

颌针鱼目

Beloniformes

鱵科 Hemiramphidae

64. 间下鱵

Hyporhamphus intermedius (Cantor)

学　　名：*Hyporhamphus intermedius*（Cantor，1842）

俗　　名：半嘴鱼、针鱼、穿针子、针公、针钎子

分类地位：颌针鱼目 Beloniformes　鱵科 Hemiramphidae

下鱵属 *Hyporhamphus*

形态特征： 体细长，略呈圆柱形，背、腹缘微凸出，尾部渐细。头较小，前方尖形，额顶部稍凸起，颊部平坦。吻较长。眼较大，圆形，侧位而高。口小，略平直。上颌呈 1 枚三角片，中线上具 1 个隆起嵴，下颌突出，延长成 1 个扁平较细弱的针状喙，两颌仅在相对部分具细弱的犬齿，上、下颌 1—2 行，犁、腭骨及舌上无齿。下颌喙的两侧及腹面各具 1 个皮质瓣膜。鳃孔大，鳃耙发达。体被较大薄弱圆鳞，极易脱落。头上仅上颌三角部分有鳞，余皆裸露。各鳍仅尾鳍基具小鳞。侧线明显，近体侧下缘。背、臀鳍同形，大小相似，均位于体的远后方，两鳍相对或背鳍起点稍前于臀鳍。胸鳍较短小，侧位而高。腹鳍较小，起点位眼与尾鳍基部的中间。尾鳍叉形，下叶长于上叶。体背侧暗绿色，腹侧银白色。体背中线由顶部至背鳍起点具 3 条平行的暗绿色细线纹；体侧从胸鳍基部至尾鳍基部具 1 条较宽的银灰色纵带；吻及喙黑色。背鳍及尾鳍边缘淡黑色，其他各鳍淡色。

生态习性： 为暖水性小型鱼类，栖息于沿岸浅层水域，常进入河口，甚至河湖内。以浮游动物为食，有成群习性。大者体长 150mm 左右，可供食用。

分　　布： 温州见于瓯江河口和下游。我国分布于渤海、黄海、东海及台湾西侧和南侧海域。国外见于日本本土四岛两侧。

合鳃目

Synbranchiformes

合鳃科
Synbranchidae

65. 黄鳝
Monopterus albus (Zuiew)

学　　名：*Monopterus albus*（Zuiew，1793）

俗　　名：鳝鱼、黄鳝

分类地位：合鳃鱼目 Synbranchiformes　合鳃科 Synbranchidae　黄鳝属 *Monopterus*

形态特征： 体细长呈鳗形，前部近圆筒形，向后渐细，侧扁。尾尖细。头部膨大，前端略呈圆锥形。吻长，钝尖。眼小，上侧位。前后鼻孔远离。口大，端位，上颌稍突出，口裂伸越眼后下方。唇发达。上、下颌及腭骨均圆锥形细齿。无须。鳃孔小，左、右鳃孔于腹面合而为一，鳃膜连于鳃峡。鳃4个，前3个不发  达。体无鳞，皮肤光滑，侧线明显，纵贯体侧中部。背鳍与臀鳍退化右低皮褶，与尾鳍相连，无鳍棘。体呈黄褐色，具不规则黑色斑点，体色常随栖居的环境而不同。

生态习性： 底栖性鱼类，体长通常在400mm，最大可达1m。栖息在池塘、小河、稻田等处，常潜伏在泥洞或石缝中。夜出觅食。有性逆转现象，幼时为雌，生殖一次后即转变为雄性。

分　　布： 温州见于各水系。我国除西北部高原外，各地均产。广泛引入世界各地。

鲈形目

Perciformes

花鲈科 Lateolabracidae

66. 中国花鲈
Lateolabrax maculatus (McClelland)

学　　名：*Lateolabrax maculatus*（McClelland，1843）

俗　　名：中国鲈、七星鲈、鲈鱼

分类地位：鲈形目 Perciformes　花鲈科 Lateolabracidae　花鲈属 *Lateolabrax*

形态特征： 体延长，侧扁，背腹缘皆钝圆。吻较尖。眼上侧位，眼间隔宽。两鼻孔紧相邻，前鼻孔具鼻瓣。口大，倾斜，下颌长于上颌，上颌骨后端伸达眼后缘下方。两颌齿细小，呈带状，犁骨及腭骨具绒毛齿，舌上无齿。前鳃盖骨后缘具细锯齿，鳃盖骨棘扁平。鳃耙细长。体被弱小栉鳞，排列整齐，头部除吻端及两颌外皆被鳞，背鳍及臀鳍基底被低的鳞鞘。侧线完全，平直，沿体侧中央伸达尾鳍基底。背鳍2个，仅在基部相连。第一个背鳍鳍棘发达。臀鳍的第二枚鳍棘最强大。胸鳍较小，位低。腹鳍位于胸鳍基下方。尾鳍分叉。体背侧青灰色，背侧及背鳍鳍棘部散布若干黑色斑点，斑点常随年龄逐渐减少。腹部灰白色。背鳍鳍条部及尾鳍边缘黑色。

生态习性： 为近岸浅海鱼类，最大体长可达1m，喜栖息于河口咸水处，亦可生活于淡水中。以鱼为食，也食甲壳类。秋末产卵。卵浮性。

分　　布： 温州见于瓯江河口及通江支流的下游。我国沿海均有分布。国外分布于朝鲜半岛和日本。

真 鲈 科
Percichthyidae

67. 斑鳜

***Siniperca scherzeri* Steindachner**

学　　名：*Siniperca scherzeri* Steindachner，1892

俗　　名：篦箕鱼、花篦箕、尖爪、嘴爪、桂鱼

分类地位：鲈形目 Perciformes　真鲈科 Percichthyidae

　　　　　鳜属 *Siniperca*

形态特征： 体延长，侧扁，背为浅弧形。头中大，吻尖突，眼中大，上侧位。两鼻孔靠近，前鼻孔具鼻瓣。口大，端位，稍向上倾斜，下颌略突出，后端伸达眼后缘下方。上、下颌和犁骨及腭骨均具细小齿群，上颌前端及两侧齿稍扩大。舌狭小，游离。鳃孔大，前鳃盖骨后缘具锯齿，下角及下缘具2枚小棘；鳃盖骨后缘具2枚肩棘，下棘尖长。具假鳃。鱼体、鳃盖均被细小圆鳞，吻端及眼间隔无鳞，侧线完全，侧线鳞104—124个。背鳍基长，鳍棘与鳍条部连续，之间有1个缺刻。臀鳍起点在背鳍最后鳍棘下方，以第二枚棘最长。胸鳍圆形，鳍端距腹鳍鳍端远。腹鳍亚胸位，尾鳍圆形。体棕黄色或青黄色，腹部白色，具黑色斑块及斑点。体侧有许多大小不等的褐色眼状斑，边缘和中央淡黄。背鳍基底下方具几个鞍状斑块。奇鳍具黑色点纹，胸鳍、腹鳍为淡褐色。

生态习性： 生活在江河湖泊中，多见于多石砾的流水环境中活动。肉食性，性极凶猛，以鱼、虾为食。产卵期在4—6月，冬季潜入河床或深水处越冬。常见体长97—186mm，重1.0—1.5kg。

分　　布： 温州见于瓯江水系。珠江和长江以东，北至辽河和鸭绿江水域。国外分布于朝鲜半岛、越南。

鲹科 Carangidae

68. 六带鲹
Caranx sexfasciatus Quoy & Gaimard

学　　名：*Caranx sexfasciatus* Quoy & Gaimard，1825
俗　　名：黑边鲹
分类地位：鲈形目 Perciformes　鲹科 Carangidae　鲹属 *Caranx*

形态特征： 体呈椭圆形，侧扁；脂眼睑稍发达。口裂始于眼下缘水平线上。前颌骨能伸缩。上颌后端达瞳孔后缘之下。上颌齿3列，下颌1列，近缝合部有1对犬齿。犁骨齿群三角形，腭骨及舌面中央有1条细长形齿带。有假鳃。颊、鳃盖上缘、胸部及身体均被小圆鳞，第二个背鳍和臀鳍有1个低的鳞鞘。棱鳞存在于侧线直线部的全部。第一个背鳍有1枚向前平卧棘与8枚鳍棘，第二个背鳍前部鳍条呈镰状。臀鳍前方有2枚粗强棘。腹鳍胸位。尾鳍叉形。体呈草绿色，腹部银色，眼上缘有1条黑色细带，体侧有5条浅黑而带草绿色横带，各鳍黄色。

生态习性： 主要栖息于近沿海礁石底质水域，幼鱼时偶尔可发现于沿岸砂泥底质水域，稚鱼时可发现于河口区，甚至河川之中、下游。白天常聚集成群缓慢巡游于礁石区或外缘区，晚上分散。以鱼类及甲壳类为食。常见体长300mm左右，最大记载体长为1.2m。

分　　布： 温州见于瓯江河口。国内沿海均产。广泛分布于印度-太平洋之温带及热带海域。

鲷科 Sparidae

69. 黄鳍棘鲷

Acanthopagrus latus (Houttuyn)

学　　名：*Acanthopagrus latus*（Houttuyn，1782）

俗　　名：黄鲷鱼

分类地位：鲈形目 Perciformes　鲷科 Sparidae　棘鲷属 *Acanthopagrus*

形态特征：体呈长椭圆形，侧扁，体背面狭窄。头前端尖，眼侧位而高，眼间隔微凸。鼻孔紧位于眼的前方，前鼻孔具鼻瓣，后鼻孔裂缝状。口水平状，上、下颌约等长，上颌骨后端伸达瞳孔前缘下方。上下颌前端各具圆锥齿6枚，上颌两侧一般具臼齿4行，下颌两侧具臼齿3行。前鳃盖骨边缘平滑，鳃盖骨后缘具扁平钝棘。鳃耙短小。体被薄栉鳞，头部除眼间隔、前鳃盖骨、吻端及颊部外均被鳞，颊部具鳞5行。背鳍及臀鳍棘部具发达鳞鞘，鳍条基部被鳞。侧线完全，弧形与背缘平行。背鳍基长，起点在腹鳍起点前上方，鳍棘部与鳍条部相连，中间无缺刻，鳍棘强，各棘平卧时可收藏于鳞鞘形成的沟中。臀鳍棘3枚，第二枚鳍棘显著强大。胸鳍尖长，后端伸达臀鳍起点上方。腹鳍较小。尾鳍叉形。体青灰色而带黄色，体侧有若干条灰色纵走线，背鳍、臀鳍一小部分、尾鳍边缘灰黑色，腹鳍、臀鳍下叶黄色。

生态习性：暖温性中小型鱼类，一般体长在500mm以下，主要栖息在泥砂质底的沿岸海区，偶会进入河口或淡水域中。幼鱼时期栖息在湾内平缓之半咸淡水域。以多毛类、软体动物、甲壳类、棘皮动物及其他小型鱼类为主食。

分　　布：温州见于瓯江河口。我国分布于黄海、东海及南海。广泛分布于印度-西太平洋区，西起波斯湾，东至菲律宾，北至日本，南至澳大利亚。

马鲅科 Polynemidae

70. 四指马鲅

Eleutheronema tetradactylum (Shaw)

学　　名：*Eleutheronema tetradactylum*（Shaw，1804）
俗　　名：獐跳
分类地位：鲈形目 Perciformes　马鲅科 Polynemidae
　　　　　四指马鲅属 *Eleutheronema*

形态特征： 体延长，侧扁。头中大，前端圆钝。吻短而圆突，眼位于头的前部，脂眼睑很发达，眼间隔宽。两鼻孔靠近，前鼻孔圆形，后鼻孔成裂缝状。口大，下位。齿细小，绒毛状，上下颌齿带外露。犁齿群呈三角形，腭骨齿群长条状。舌游离，无齿。鳃孔大，前鳃盖骨后缘具细锯齿，鳃耙细长。体被栉鳞，第二个背鳍、尾鳍及臀鳍均被细鳞，胸鳍腋部和腹鳍基底上方有大形鳞瓣，两腹鳍中间有 1 个三角形鳞瓣。侧线平直，伸至尾鳍下叶端部。背鳍 2 个，相距较远。臀鳍与第二个背鳍相似。胸鳍中长，低位，胸鳍下部具 4 枚游离丝状鳍条。腹鳍约位于胸鳍中部下方。尾鳍深叉形。背侧面灰青带黄色，腹部银白色；背鳍、臀鳍、尾鳍皆灰色，胸鳍后部黑色；腹鳍白色。

生态习性： 沿岸水域常见鱼类，一般体长在 500mm 以下，最大可达 1m 左右。仔鱼主要栖息于河口，成鱼则生活于近海。个性凶猛，以其他鱼类、虾类等为食。

分　　布： 温州见于瓯江河口。我国沿海均产。国外分布于印度、菲律宾、印度尼西亚、越南、日本及澳大利亚。

石首鱼科 Sciaenidae

71. 黄姑鱼
Nibea albiflora (Richardson)

学　　名：*Nibea albiflora*（Richardson，1846）

俗　　名：黄婆鸡

分类地位：鲈形目 Perciformes　石首鱼科 Sciaenidae　黄姑鱼属 *Nibea*

形态特征： 体延长，侧扁，背部隆起，略呈弧形，腹部广弧形。吻短钝，吻端具4个小孔。眼上侧位。口亚端位，下颌稍短于上颌，上颌骨后延几乎伸达眼后缘下方。上颌齿细小，外行齿较大，闭时不外露。下颌内行齿较大。犁骨、腭骨均无齿。舌发达，游离。颏部具5个小孔，无颏须。前鳃盖骨后缘具细小锯齿，下角有小棘，鳃盖骨后端具2枚软弱扁棘。头前部被小圆鳞，体及头的后部被栉鳞。背鳍鳍条部和臀鳍基部各具1个鳞鞘；侧线发达，伸达尾鳍后端。背鳍连续，鳍棘部和鳍条部之间有1个缺刻；尾鳍楔形。背侧面黄色，腹面淡黄色，背侧在侧线上下具多条黑色斜行条纹。背鳍鳍棘上部暗褐色，鳍条部边缘黑色，每1条鳍条基底有1个黑色小点。胸鳍、腹鳍及臀鳍为橙黄色。

生态习性： 暖温性近海中上层鱼类，一般体长为210—350mm，最大可达430mm。主要栖息于砂泥底质较浅沿岸海域，以小型甲壳类及小鱼等底栖动物为食。生殖季节会群聚洄游至岛屿、内湾的近岸浅水域，秋冬则游入较深海域或南下越冬。

分　　布： 温州见于瓯江河口。我国沿海均产。国外分布于韩国、日本南部。

鱼舵科
Kyphosidae

72. 尖突吻鯻
Rhynchopelates oxyrhynchus (Temminck & Schlegel)

学　　名：*Rhynchopelates oxyrhynchus*（Temminck & Schlegel，1843）

曾用名/俗名：尖吻鯻、唱歌婆、斑猪、金苍蝇、石或、丙猪哥

分类地位：鲈形目 Perciformes　鯻科 Theraponidae　突吻鯻属 *Rhynchopelates*

形态特征： 体延长，侧扁。背缘与腹缘皆呈微弧形。吻尖长而突出。眼上侧位，眶前骨边缘具细锯齿。两鼻孔靠近，位于眼前上方。口小，端位，上颌稍长于下颌。两颌齿细小，呈带状排列，外行齿稍大，圆锥形。犁骨、腭骨及舌上无齿。鳃孔大，鳃耙短而小，有假鳃，前鳃盖骨边缘具锯齿，鳃盖骨后缘具2枚棘，上棘不明显。体被栉鳞，背鳍和臀鳍基部鳞鞘发达，侧线完全，与背缘平行。背鳍鳍棘部与鳍条部相连，中间具浅缺刻，鳍棘发达。臀鳍具3枚棘，以第二枚棘最强大。胸鳍宽短。腹鳍亚胸位。尾鳍浅分叉。体背部灰褐色，腹部乳白色，体侧具4条灰黑色较宽的纵带。背鳍鳍棘部末端及背鳍基部有灰黑色斑带。尾鳍上有灰黑色斑纹。胸鳍、腹鳍及臀鳍色淡。

生态习性： 热带和亚热带近岸暖水性近底层鱼类，喜栖息于泥砂底质和岩礁附近，也可生活于河口水域，或进入江河。肉食性，以虾、蟹及小型鱼类为食，体长70—120mm，最大可达250mm。

分　　布： 温州见于瓯江河口。我国分布于东海、台湾海峡和南海。国外分布于菲律宾、日本。

鲔 科 Callionymidae

73. 香鲔

Repomucenus olidus (Günther)

学　　名：*Repomucenus olidus*（Günther，1873）
曾用名：香斜棘鲔
分类地位：鲈形目 Perciformes　鲔科 Callionymidae
　　　　　斜棘鲔属 *Repomucenus*

形态特征：体延长，宽而平扁，向后渐细尖，后部稍侧扁。头平扁，背视三角形。吻短而尖突。眼位于头背侧，两眼靠近。眼间隔窄，微凹入。两鼻孔位于眼前方。口小，亚前位，能伸缩。上颌稍突出，上颌骨向后伸达前鼻孔下方。上、下颌具绒毛状齿带，犁骨与腭骨无齿。舌圆形，游离。鳃孔小，前鳃盖骨具1枚长棘，上缘具3枚小棘，基底具1枚向前倒棘。假鳃发达。鳃耙短小。体光滑无鳞。侧线发达，上侧位，左右侧线在头后部及尾柄上方具1个横枝，在背侧相连。背鳍2个，相距颇远。腹鳍喉位。尾鳍圆形。体灰褐色，密具暗色细纹，背面有时隐具5—6条暗色横纹。第一个背鳍深黑色。第二个背鳍、胸鳍、腹鳍、尾鳍鳍条上具黑色小斑点。臀鳍浅色。

生态习性：近海小型底层鱼类，记载最大体长为60mm。栖息于近河口的泥砂质海底，甚至生活在淡水中，游泳缓慢，摄食小型软体动物和蠕虫。

分　　布：温州见于瓯江河口。我国分布于东海及台湾海域。国外分布于西北太平洋海区。

塘鳢科 Eleotridae

74. 河川沙塘鳢

Odontobutis potamophilus (Günther)

学　　名：*Odontobutis potamophilus*（Günther，1861）

俗　　名：氽菩、土布鱼、虎头鲨

分类地位：鲈形目 Perciformes　沙塘鳢科 Odontobutidae　沙塘鳢属 *Odontobutis*

形态特征：体延长，粗壮，前部亚圆筒形，后部略侧扁。头宽大，前部略平扁。颊部感觉乳突皆由单点列的纵行感觉乳突线组成。吻宽短。眼小，上侧位，稍突出。眼上方具细弱骨质嵴，无细小锯齿。眼后方有感觉管孔，眼前下方横行感觉乳突线的端部的乳突排列呈直线状，眼后下方横行感觉乳突线与眼下纵行感觉乳突线相连。口大，前位，下颌突出。上、下颌齿细尖，多行。犁骨和腭骨均无齿。舌宽，前端圆形。鳃孔宽大，向前向下延伸，超过前鳃盖骨下方，前鳃盖骨边缘光滑，无棘。体被栉鳞，眼后头顶部鳞片排列覆瓦状。无侧线，纵列鳞34—41行。背鳍2个，分离，第一个背鳍具6—8枚鳍棘；第二个背鳍具1枚鳍棘，7—9条鳍条。臀鳍具1枚鳍棘，6—9条鳍条。左、右腹鳍相互靠近而不愈合。头、体黑青色，体侧具3—4个宽而不整齐的鞍形黑色斑块，横跨背部至体侧。头侧及腹面有许多黑色斑块及点纹。第一个背鳍有1个浅色斑块，其余各鳍浅褐色，具多行暗色点纹。胸鳍基部上下方各具1个长条状黑斑。尾鳍边缘白色，基底有时具2个黑色斑块。

生态习性：暖水性淡水小型底层鱼类，通常体长为40—160mm。生活于湖泊、江河和河沟的底层，喜栖息于泥砂、杂草和碎石相混杂的浅水区。游泳力较弱。成鱼摄食日本沼虾、螺蛳、小鱼、水生昆虫等，生殖期停食。幼鱼摄食水蚯蚓、摇蚊幼虫、水生昆虫和甲壳类。冬季潜伏在泥砂底中越冬。生长快，1龄鱼开始性成熟。生殖期为4—6月，多在背风的湖湾内及近岸浅水处的洞穴、蚌壳内分批产卵。

分 布：温州见于瓯江及支流。为我国特有种，分布于长江中下游及沿江支流、钱塘江、瓯江和闽江。

75. 尖头塘鳢

Eleotris oxycephala Temminck & Schlegel

学　　名：	*Eleotris oxycephala* Temminck & Schlegel，1845	分类地位：	鲈形目 Perciformes 塘鳢科 Eleotridae
俗　　名：	尜菩、土布鱼、岩鳢、乌草包		塘鳢属 *Eleotris*

形态特征： 体延长，前部亚圆筒形，后部侧扁。头稍小，前部平扁。吻钝尖，眼上侧位，眼上方无骨质嵴，眼下颊部具 5 条横行感觉乳突线。眼间隔宽平。鼻孔每侧 2 个。口大，前位，下颌稍长于上颌。上、下颌齿细尖，多行，排列呈带状，两颌外行齿均扩大。犁骨、腭骨与舌均无齿。舌宽，前端圆形，游离。鳃孔宽大，侧位。前鳃盖骨后缘与鳃盖骨边缘光滑，无棘。鳃盖上方无感觉管孔，前鳃盖骨后缘有 3 个感觉管孔，并隐具 1 枚弯向前方的小棘。假鳃发达。头及体侧被栉鳞。无侧线，纵列鳞 47—52 行。背鳍 2 个，分离。臀鳍和第二个背鳍相对，同形。胸鳍大，圆形。左右腹鳍相互靠近，不愈合成吸盘。尾鳍圆形。体棕黄色，体侧隐具 1 条黑色纵带及 1 个不规则的云状小黑斑，吻端经眼至鳃盖上方以及颊部自眼后至前鳃盖骨各有 1 条黑色细纹。胸鳍棕黄色，基部有小黑斑。背鳍、腹鳍和臀鳍灰色，上有数纵列黑色点列，尾鳍灰色，散有白色小点，边缘浅棕黄色。尾鳍基部上方无黑斑。

生态习性： 暖水性淡水中小型底层鱼类，栖息于各河川和河沟的底层，体长为 170—190mm，大者可达 210mm。以小鱼、沼虾、淡水壳菜、蚬、蠕虫及其他水生动物为食。生殖期停食。冬季潜伏在泥砂底中越冬。1 龄鱼达性成熟，生殖期为 7—9 月。多在背风的湖湾内及近岸浅水处洞穴内产卵。亲鱼有守巢护卵习性，直至幼鱼孵化为止。

分　　布： 温州见于瓯江支流上游。我国分布于长江、钱塘江、瓯江、灵江、交溪、闽江水系、木兰溪、晋江、九龙江、汀江、珠江等水系、海南、台湾、香港。国外分布于日本、东南亚各国至澳大利亚。

虾虎鱼科 Gobiidae

76. 舌虾虎鱼
Glossogobius giuris (Hamilton)

学　　名：*Glossogobius giuris*（Hamilton，1822）

分类地位：鲈形目 Perciformes　虾虎鱼科 Gobiidae

舌虾虎属 *Glossogobius*

形态特征：体延长，前部圆筒形，后部侧扁，背缘浅弧形。头较尖，吻尖突，颇长，眼上缘突出于头部背缘。眼上缘及后缘有1个半环形的纵行凸起。口前位，斜裂，下颌长于上颌，稍突出，上颌骨后端伸达眼中部下方。无犬齿。上、下颌齿细小，尖锐，绒毛状，多行，排列成带状，外行齿均扩大；下颌内行齿亦扩大。犁骨、腭骨及舌上均无齿。舌游离，前端分叉。鳃孔大。峡部狭窄，具假鳃。鳃耙短小。体被中大栉鳞，头部大部裸露，胸部及腹部被小圆鳞。无侧线。背鳍2个，分离；第一个背鳍鳍棘柔软。臀鳍与第二个背鳍相对，同形。胸鳍宽圆，下侧位。腹鳍略短于胸鳍，圆形，左、右腹鳍愈合成1个吸盘。尾鳍长圆形。头、体灰褐色，背部色较深，隐具5—6个褐色横斑，体侧中央具4—5个较大黑斑。腹部色浅。第一个背鳍灰褐色，后端有时具1个黑色圆斑；第二个背鳍具3—4纵列褐色小点。臀鳍褐色，基部色浅。腹鳍灰褐色。胸鳍及尾鳍灰褐色，具暗色斑纹。眼后及背鳍前方无黑斑。

生态习性：暖水性中小型底层鱼类，常见体长80—150mm，最大可达250mm。主要栖息于内湾、河口砂泥底质的咸淡水区域。多以小型鱼类、甲壳类、其他无脊椎动物等为食。

分　　布：温州见于瓯江下游。我国分布于东、南部沿海及各河口区、台湾；国外分布于印度洋非洲东岸至太平洋中部各岛屿，北至菲律宾，南至印度尼西亚。

77. 髭缟虾虎鱼

Tridentiger barbatus **(Günther)**

学　　名：*Tridentiger barbatus*（Günther，1861）	分类地位：鲈形目 Perciformes 虾虎鱼科 Gobiidae
俗　　名：老虎头泥鱼	缟虾虎鱼属 *Tridentiger*

形态特征： 体延长，粗壮，前部圆筒形，后部略侧扁。头大，略平扁，宽大于高。颊部肌肉发达，眼小，上侧位，眼间隔平坦。口宽大，上、下颌约等长，后端伸达眼后缘下方。上、下颌各有 2 行齿，外行除最后数齿外，均为三叉形。内行齿细尖，顶端不分叉。犁骨、腭骨及舌上均无齿。舌游离，前端圆形。体被栉鳞，头部及胸部无鳞，项部及腹部被小圆鳞。无侧线，纵列鳞 36—37 行；背鳍前鳞 17—18 个。头部具 3 个感觉管孔，颊部具 3—4 条水平状纵向感觉乳突线。头部在吻缘、吻下方、下颌腹面以及眼后至鳃盖上方均有 1—2 行或群须，呈穗状排列。背鳍 2 个，第一个背鳍鳍棘短弱。臀鳍与第二个背鳍相对，同形。胸鳍宽圆，下侧位。腹鳍愈合成 1 个吸盘。尾鳍后缘圆形。头、体黄褐色，腹部浅色。体侧常具 5 条宽阔的黑横带。前背鳍有 1—2 条黑色斜纹，后背鳍有 2—3 条暗色纵纹。臀鳍灰色。胸鳍及尾鳍灰黑色，有 5—6 条暗色横纹。

生态习性： 暖温性近岸底层小型鱼类，常见体长 35—94mm，大者可达 120 mm。栖息于河口咸淡水水域及近岸浅水处，也进入江河下游淡水中。摄食小型鱼类、幼虾、桡足类、枝角类及其他水生昆虫。

分　　布： 温州见于瓯江河口。我国沿海均有分布。国外分布于朝鲜半岛、日本、菲律宾。

78. 双带缟虾虎鱼

Tridentiger bifasciatus Steindachner

学　名：*Tridentiger bifasciatus* Steindachner, 1881	分类地位：鲈形目 Perciformes
俗　名：虎头鱼	虾虎鱼科 Gobiidae
	缟虾虎鱼属 *Tridentiger*

形态特征： 体延长，前部圆筒形，后部略侧扁。头宽大，略平扁，颊部肌肉发达，颇隆突，吻较长。眼位于头的前上侧位，眼间隔平坦。口前位，上、下颌约等长，上颌骨后端伸达眼后缘下方或稍后。上、下颌各有齿2行，外行齿除最后数齿外，均为三叉形，内行齿不分叉，犁骨、腭骨及舌上均无齿。舌游离，前端圆形。头部无须。前鳃盖骨与鳃盖骨边缘光滑。体被栉鳞，头部无鳞，腹部及胸鳍基部被小形圆鳞。无侧线，纵列鳞54—58行，背鳍前鳞11—20个。头部具6个感觉管孔，颊部具3—4条水平状纵向感觉乳突线。背鳍2个，第一个背鳍鳍棘短弱。臀鳍与第二个背鳍相对，同形。胸鳍宽圆，下侧位。腹鳍愈合成1个吸盘。尾鳍后缘圆形。体灰褐色，背部色深，腹部浅色。体侧具1条自眼后方至尾鳍基的黑褐色纵带，头侧及头部腹面密具许多白色小圆点。前背鳍有时暗黑色或仅边缘暗色。臀鳍灰黑色，边缘浅色。胸鳍灰蓝色，基部中间有1个大黑斑。尾鳍浅色，具暗色横纹4—5条，基部上方及中部有时有黑斑。

生态习性： 近岸底层小型鱼类，体长80—100mm，大者可达120mm。栖息于河口半咸淡水水域、内湾及近岸浅水砂泥底质处，也进入江河下游淡水体。摄食小型鱼类、幼虾、桡足类及其他底栖无脊椎动物等。

分　　布： 温州见于瓯江河口。我国沿海均有分布。国外分布于朝鲜半岛、日本。

79. 大弹涂鱼

Boleophthalmus pectinirostris (Linnaeus)

学　名：*Boleophthalmus pectinirostris*（Linnaeus，1758）	分类地位：鲈形目 Perciformes 弹涂鱼科 Periophthalmidae
俗　名：跳跳鱼、弹涂鱼、弹糊	大弹涂鱼属 *Boleophthalmus*

形态特征： 体延长，前部亚圆筒形，后部侧扁。头稍侧扁，吻圆钝。头部有 2 个感觉管孔。眼小，背侧位，互相靠近，突出于头顶之上。口大，前位，上、下颌约等长。两颌齿各 1 行，上颌齿直立而尖，前部 3 枚齿扩大，缝合部具 1 个缺口；下颌齿平卧，齿端斜截形或有 1 个凹缺，缝合部 2 枚齿扩大。犁骨、腭骨、舌上均无齿。舌前端不游离。体及头部被圆鳞。无侧线，纵列鳞 89—115 行；背鳍前鳞 28—36 个。头部和鳃盖部无感觉管孔。背鳍 2 个，前背鳍棘丝状延长，平放时伸越第二个背鳍起点；后背鳍基底长，鳍条伸达尾鳍基。臀鳍与第二个背鳍同形，鳍条伸越尾鳍基。胸鳍基部具臂状肌柄。左、右腹鳍愈合成 1 个吸盘。尾鳍尖圆。体背侧青褐色，腹侧浅色，体侧具若干大小不规则的蓝点。前背鳍深蓝色，具不规则白色小点，后背鳍蓝色，具 4 纵行小白斑。臀鳍、胸鳍和腹鳍浅灰色。尾鳍青黑色，有时具白色小点。

生态习性： 为暖温性近岸小型鱼类，常见体长 60—135mm，最大可达 200mm。喜栖息于河口、港湾、红树林区的咸淡水泥质潮间带，亦进入淡水。穴居，退潮时常依靠发达的胸鳍肌柄匍匐或跳跃于泥滩上觅食。主食浮游动物、昆虫及其他无脊椎动物，也会刮食底栖硅藻和蓝绿藻。繁殖季节在 4—5 月。

分　　布： 温州见于瓯江河口。我国广泛分布于沿海。国外分布于朝鲜半岛和日本。

80. 斑尾刺虾虎鱼

Acanthogobius ommaturus (Richardson)

学　　名：*Acanthogobius ommaturus*（Richardson，1845）	分类地位：鲈形目 Perciformes 虾虎鱼科 Gobiidae
俗　　名：泥鱼、光鱼、痴狗、尖鲨	刺虾虎鱼属 *Acanthogobius*

形态特征：体延长，前部呈圆筒形，后部侧扁而细。头宽大，稍平扁。头部具 3 个感觉管孔，颊部有 3 条感觉乳突线。吻圆钝。眼上侧位，眼下具 1 条斜向上唇的感觉乳突线。眼间隔平坦。口大，前位，上颌稍长于下颌。上颌具尖细齿 1—2 行，下颌齿 2—3 行。犁骨、腭骨、舌上均无齿。舌游离，前端近截形。颏部有 1 个长方形皮突，后缘微凹。鳃孔宽大，具假鳃。鳃耙短。体被圆鳞及栉鳞，无侧线，纵列鳞 57—67 行。第一个背鳍基底短。第二个背鳍基底长。臀鳍不达尾鳍基。胸鳍尖圆形。腹鳍小，左、右愈合成 1 个圆形吸盘。尾鳍圆截或尖长。体淡黄褐色，中小个体体侧常具数个黑色斑块。背侧淡褐色。头部有不规则暗色斑纹。第一个背鳍上缘橘黄色，第二个背鳍有 3—5 纵行黑色点纹。臀鳍下缘橘黄色。胸鳍和腹鳍淡黄色，前下缘橘黄色，尾鳍基部常有 1 个暗色斑块。

生态习性：为暖温性近岸底层中大型虾虎鱼类，体长一般为 90—250mm，最大个体全长可达 500mm。栖息于沿海、港湾及河口咸淡水交混处，也进入淡水，喜好底层为淤泥或泥砂的水域。多穴居，性凶猛，摄食各种幼鱼、虾、蟹和小型软体动物。1 龄鱼即可达性成熟，产卵期 3—4 月。

分　　布：温州见于瓯江河口。广泛分布于中国沿海。国外分布于朝鲜半岛、日本。

81. 子陵吻虾虎鱼

Rhinogobius giurinus (Rutter)

学　　名：*Rhinogobius giurinus*（Rutter，1897）	分类地位：鲈形目 Perciformes
俗　　名：肚鱼、玉桂鱼、石鱼、泥古鱼	虾虎鱼科 Gobiidae
	吻虾虎鱼属 *Rhinogobius*

形态特征： 体延长，前部近圆筒形，后部稍侧扁。头圆钝，具5个感觉管孔。颊部具2纵行感觉乳突线。吻圆钝，眼前背侧位，眼下缘具5—6条放射状感觉乳突线。口前位，两颌约等长。上、下颌齿细小，各2行，排列稀疏，呈带状；犁骨、腭骨及舌上均无齿。舌游离，前端圆形。前鳃盖骨后缘、鳃盖上方各有3个感觉管孔。体被中大栉鳞，吻部、颊部、鳃盖部、胸部、腹部及胸鳍基部均无鳞。无侧线，纵列鳞27—30行，背鳍前鳞11—13个。第一个背鳍基部短，鳍棘柔软，第二个背鳍基较长，鳍条平放时不伸达尾鳍基。臀鳍与第二个背鳍相对，同形。胸鳍宽大，下侧位。左、右腹鳍愈合成1个吸盘，尾鳍长圆形。体黄褐色，体侧有6—7个宽而不规则之黑色横斑，有时不明显。臀鳍、腹鳍和胸鳍黄色，胸鳍基底上端具1个黑斑点。背鳍和尾鳍黄色或橘红色，具多条暗色点纹。

生态习性： 淡水小型鱼类，常见体长80—120mm，最大可达130mm。栖息于江、河中下游、湖泊、水库及池沼的沿岸浅滩，散居于石缝或在石下挖穴。领域性强，会主动攻击入侵的鱼族。以小鱼、虾、水生昆虫、水生环节动物、浮游动物和藻类等为食，也有同类残食现象。

分　　布： 见于温州各水系。国内分布于除西北地区外的各大江河水系，海南和台湾也有分布。国外分布于朝鲜半岛和日本。

82. 拉氏狼牙虾虎鱼

Odontamblyopus lacepedii (Temminck & Schlegel)

学　　名：*Odontamblyopus lacepedii*（Temminck & Schlegel，1845）

曾用名 / 俗名：红狼牙虾虎鱼、泥令、红狼鱼、狼条

分类地位：鲈形目 Perciformes
　　　　　虾虎鱼科 Gobiidae
　　　　　狼牙虾虎鱼属 *Odontamblyopus*

形态特征： 体呈鳗状，前部亚圆筒形，后部渐侧扁。头小，吻短，眼小而退化，隐于皮下。口前位，斜裂，下颌突出。上颌齿弯曲，犬齿状，外行排列稀疏，外露；内侧齿 1—2 行，短小，锥形，下颌缝合部内侧具犬齿 1 对。舌稍游离，前端圆形。体裸露而光滑。无侧线。头部及鳃盖部无感觉管孔。头侧感觉乳突散乱，排列不规则。背鳍 1 个，甚长，始于胸鳍基部后上方，鳍棘细弱，后部以膜与尾鳍相连。臀鳍与背鳍鳍条部相对，同形，后部也与尾鳍相连。胸鳍尖形。左、右腹鳍愈合成 1 个尖长吸盘。尾鳍长而尖形。体呈淡红色或灰紫色，背鳍、臀鳍和尾鳍黑褐色。

生态习性： 为暖温性底栖小型鱼类，常见体长 150—250 mm，大者可达 300 mm。穴居于泥质河口、浅海，随气温、水温的变化洞穴深浅不同，一般深度为 250—550 m。游泳能力弱，行动迟缓。生活力甚强而不易死亡。以浮游生物及双壳类为食，为缢蛏等养殖的敌害。每年 2—4 月、7—9 月产卵。

分　　布： 温州见于瓯江河口。我国沿海均有分布。国外见于日本、朝鲜半岛、印度尼西亚、马来西亚及印度。

金钱鱼科 Scatophagidae

83. 金钱鱼

Scatophagus argus (Linnaeus)

学　　名：*Scatophagus argus*（Linnaeus，1766）

俗　　名：金鼓鱼

分类地位：鲈形目 Perciformes　金钱鱼科 Scatophagidae

金钱鱼属 *Scatophagus*

形态特征： 体高而侧扁，略呈钝角六边形。头小，吻钝钝，眼前侧位，眼间隔圆凸。口小，前位，呈横裂状，上、下颌约等长或下颌微短。上颌骨为眶前骨所盖，后端不达眼前缘的下方。两颌齿呈细刚毛状，有3个齿尖，呈带状排列，犁骨与腭骨均无齿。前鳃盖骨边缘有细锯齿。头、体、背鳍鳍条部、胸鳍及尾鳍均被小栉鳞。侧线完全。背鳍前方有1枚向前倒棘，常为皮肤所盖，仅尖端外露，鳍棘部与鳍条部有深凹刻；鳍棘坚硬。臀鳍鳍棘也坚硬，鳍条部与背鳍鳍条部同形。胸鳍小而略圆。腹鳍狭长，长于胸鳍。尾鳍后缘呈浅的双凹形，幼鱼为圆形。体呈褐色，腹部色淡，体侧有略呈圆形黑斑，背鳍、臀鳍和尾鳍上亦有黑色斑点及条纹。幼鱼时体侧黑斑多而明显。头部常具2条黑色横带。

生态习性： 暖水性中小型鱼类，常见体长150mm左右，记载最大体长为380mm。主要栖息于近岸多岩石处，稚鱼常进入半咸淡水水域。杂食性，主要以蠕虫、甲壳类、水栖昆虫及藻类碎屑为食。据报道，本种背鳍棘有毒性。

分　　布： 温州见于瓯江河口。我国产于东海、台湾海域及南海。国外分布于印度、泰国、马来亚、菲律宾、印度尼西亚、澳大利亚等。

蓝子鱼科
Siganidae

84. 褐蓝子鱼
Siganus fuscescens (Houttuyn)

学　　名：*Siganus fuscescens*（Houttuyn，1782）

俗　　名：象耳、臭都、猫花

分类地位：鲈形目 Perciformes　蓝子鱼科 Siganidae
　　　　　蓝子鱼属 *Siganus*

形态特征：体长椭圆形，侧扁。头小，头背部稍隆起，不内凹。吻三角形突出，不形成吻管。眼上侧位。口小，前下位，下颌短于上颌，几被上颌所包。上、下颌各具细小尖齿1行。犁骨、腭骨和舌无齿。鳃孔斜裂，假鳃发达，鳃盖骨边缘圆滑。体被小圆鳞，鳞薄，埋于皮下。侧线完全，位高，与背缘平行，背鳍中部鳍棘与侧线间有鳞25—30行。背鳍基底几乎占整个背缘，鳍棘部与鳍条部相连，中间无缺刻，鳍棘尖锐。起点前方具1枚埋于皮下的向前小棘。臀鳍第三枚和第四枚鳍棘最长。胸鳍圆刀形。腹鳍短于胸鳍。尾鳍在幼体为浅叉形，在成体为深叉形。体黄绿略带褐色，背部较深，腹部色浅。体侧和尾柄具稀疏长条形小白斑和大小不一的小黑斑，有时具不规则的暗色云纹状斑块。鳃盖后上方具1个灰黑色大圆斑，各鳍浅黄色或黄褐色。

生态习性：暖水性近海中小型鱼类，最大体长可达400mm。栖息于平坦底质浅水或岩礁区。杂食性，以各种绿藻或小型甲壳类为食。各鳍鳍棘有毒腺，被刺伤后会引起剧烈疼痛，红肿。

分　　布：温州见于瓯江河口。我国分布于南海、台湾海域、东海、黄渤海等。国外分布于日本琉球群岛、菲律宾、印度尼西亚、澳大利亚。

丝足鲈科
Osphronemidae

85. 叉尾斗鱼
Macropodus opercularis (Linnaeus)

学　　名：*Macropodus opercularis*（Linnaeus，1758）

俗　　名：斗鱼

分类地位：鲈形目 Perciformes　丝足鲈科 Osphronemidae　斗鱼属 *Macropodus*

形态特征： 体呈长圆形，侧扁而高。头高大，吻尖，口上位，口裂斜向前方，几近垂直。眼上侧位，眶前骨下缘有细锯齿。上下颌具细齿。鳃膜较长，超过喉部左右相连。具鳃上器官。体被较大栉鳞，背鳍基部的后部及臀鳍基部被有鳞鞘。纵列鳞 26—28 行。横列鳞 11 个。背鳍与臀鳍基甚长，两鳍起点上下相对，臀鳍末端较靠近尾鳍，使尾柄变短，几乎消失。胸鳍下侧位，腹鳍胸位。尾鳍叉形或圆形。背鳍、臀鳍、腹鳍后部以及尾鳍的部分鳍条都有不同程度的延长，其中雄鱼鳍条延长尤甚。体暗黄褐色，夹杂 10 条左右红蓝相间的横斑。眼眶金黄色，额头部分有黑色条纹，两侧鳃盖后方边缘各有 1 个绿色斑块。背鳍和臀鳍都有蓝色镶边，鳍上有深色斑点，尾鳍基本呈红色。

生态习性： 栖息于水草丛生、水体平静的河流、湖泊及池塘，以浮游动物为食。常见体长 55mm 左右，最大可达 67mm。繁殖期雄鱼有筑巢、护巢习性。因体色鲜艳，且雄鱼好斗，成为著名的观赏鱼之一。

分　　布： 温州见于瓯江支流温瑞塘河。国内分布于长江以南至海南岛、台湾水域。作为观赏鱼被引入世界各地。

鳢科 Channidae

86. 乌鳢

***Channa argus* (Cantor)**

学　　名：*Channa argus*（Cantor，1842）

俗　　名：黑鱼、乌棒、才鱼、生鱼、孝鱼、斑鱼、戾鱼、蛇头鱼、文鱼、蠡鱼

分类地位：鲈形目 Perciformes　鳢科 Channidae　鳢属 *Channa*

形态特征： 体前部呈圆筒形，后部侧扁。头尖长，前部略平扁，后部稍隆起。吻短宽，前端圆钝。前后鼻孔相隔较远，前鼻孔具1个短管。眼较小，侧上位。口大，端位，口裂稍斜，伸达眼后下缘，下颌稍突出。上下颌、犁骨、口盖骨均具带状排列的尖锐细齿。鳃膜越过峡部相连，鳃耙疣状，排列稀疏，具鳃上器官。体被圆鳞，侧线平直，侧线鳞62—64个。背鳍极长，自头部后方延伸至尾鳍基。胸鳍宽大，下侧位，略呈扇形，末端超越腹鳍基部。腹鳍亚胸位。臀鳍很长，始于吻端至尾鳍基的中部，末端接近尾鳍基。尾鳍圆形。体呈灰黑色，体背和头顶色较暗黑，腹部淡白，体侧各有不规则黑色斑块，头侧各有2条黑色斑纹。

生态习性： 栖息于河流、湖泊、池塘等较宽大的静水水域中，只有少数偶尔进入江河溪流中生活，体长225—403mm，记载最大可达1m。活动于多草的水域中，以其他鱼类、虾类以及青蛙等为食。

分　　布： 温州见于瓯江流域。我国除西部高原地区以外，大部分省区都有分布。国外分布于俄罗斯、朝鲜半岛，被引入世界各地。

鰈形目
Pleuronectiformes

舌鳎科 Cynoglossidae

87. 斑头舌鳎

Cynoglossus puncticeps (Richardson)

学　　名：*Cynoglossus puncticeps*（Richardson，1846）

俗　　名：舌鳎、草鞋底、鞋底鱼、玉秃、龙利鱼、细鳞

分类地位：鲽形目 Pleuronectiformes　舌鳎科 Cynoglossidae　舌鳎属 *Cynoglossus*

形态特征：体呈长舌状，很侧扁。头略短，吻钩突起，尖端达有眼侧前鼻孔下方。两眼位于头部左侧，上眼较下眼略前，眼间隔有鳞。口小，下位，口裂弧形，口角后端伸达眼后缘的下方。有眼侧两颌无齿，无眼侧两颌具绒毛状齿带。头、体两侧被栉鳞；体左侧侧线2条，上中侧线间具鳞18行，中侧线至臀鳍基底间具鳞23—27行，右侧无侧线。背鳍起点在吻部前端的背方，臀鳍始于鳃盖后缘下方，两鳍后端均与尾鳍相连。无胸鳍。有眼侧具腹鳍，以鳍膜与臀鳍相连，无眼侧无腹鳍。尾鳍后缘尖形。有眼侧体褐色，具不规则的褐斑和条纹，奇鳍上也有暗色线纹。右侧白色。

生态习性：近海底栖小型鱼类，一般体长为80—100mm，栖息于泥砂质海底，以无脊动物为食。

分　　布：温州见于瓯江河口及下游支流。我国分布于南海、台湾海峡和东海近海；国外分布于西达巴基斯坦、南达印度尼西亚、东达菲律宾的海域。

88. 短吻红舌鳎

Cynoglossus joyneri Günther

学　　名：*Cynoglossus joyneri* Günther，1878	分类地位：鲽形目 Pleuronectiformes
曾用名 / 俗名：焦氏舌鳎、舌鳎、草鞋底、鞋底鱼、玉秃、龙利鱼、细鳞	舌鳎科 Cynoglossidae
	舌鳎属 *Cynoglossus*

形态特征： 体长舌状，很侧扁，向后渐尖。头稍钝短，吻钩较眼后头长为短，约达下眼前缘下方。两眼位于体左侧，眼间隔稍凹，有鳞。口歪形，下位，左口裂较平直，口角达下眼后缘下方，上颌达眼后，右口裂近半圆形。两颌仅右侧有绒毛状齿群。头、体两侧被栉鳞，上、下侧线外侧鳞最多4—5纵行，上、中侧线间鳞12—13纵行，各鳍无鳞而仅尾鳍基附近有鳞，头右侧前部鳞绒毛状。左侧侧线3条，上、中侧线有颞上枝互连，到吻端相连后向后达吻端，无眼前枝；前鳃盖枝不连下颌鳃盖枝。背鳍始于吻端稍后上方，后端鳍条完全连尾鳍。臀鳍似背鳍。腹鳍仅左侧存在，有膜连臀鳍。尾鳍窄长、尖形。头、体左侧淡红色，略灰暗，各纵列鳞中央呈暗色纵纹状，鳃部较灰暗；腹鳍与前半部背、臀鳍膜黄色，向后渐褐色。右侧白色。

生态习性： 亚热带和暖温带浅海及河口底层鱼类，记载最大体长为245mm。喜生活于泥砂质海底，以多毛类、端足类及小型蟹类等为食。

分　　布： 温州见于河口及浅海。我国分布于珠江口到黄、渤海，北达朝鲜半岛及日本新潟以南。

89. 窄体舌鳎

Cynoglossus gracilis Günther

学　　名：	*Cynoglossus gracilis* Günther，1873	**分类地位**：	鲽形目 Pleuronectiformes
俗　　名：	舌鳎、草鞋底、鞋底鱼、玉秃、龙利鱼、细鳞、箬鳎鱼		舌鳎科 Cynoglossidae
			舌鳎属 *Cynoglossus*

形态特征： 体窄长而扁，头较小，吻较长，吻钩末端达于有眼侧前鼻孔的下方或稍后。两眼相距颇近，眼间隔被 5 行小栉鳞。口小，呈小月形，有眼侧两颌无齿，无眼侧两颌齿呈细绒毛状，呈带状排列。前鳃盖后缘不游离。身体两侧均被小栉鳞，有眼侧侧线 3 条，上、中侧线间横列鳞 23—25 个，鳃孔后侧线鳞 129—142 个，无眼侧无侧线。背鳍和臀鳍皆与尾鳍相连，背鳍始于中侧线前方的吻端，臀鳍始于鳃孔下方。无胸鳍。有眼侧腹鳍与臀鳍相连，无眼侧无腹鳍。尾鳍尖形。有眼侧体呈淡褐色，奇鳍呈褐色。无眼侧体为白色。

生态习性： 暖温带河口、浅海底栖鱼类，在江河口咸淡水中较常见，有时也能在淡水中生活。体长在 130mm 以下的幼鱼单纯以甲壳动物为食，成鱼则为杂食性，以螺、双壳类、小虾等为食，也摄食鱼卵及植物腐屑。约 4 月产卵，雌鱼性成熟最小个体为 196mm，最大可达 280mm。

分　　布： 温州见于各河口及近海。分布于珠江口附近到河北、辽宁等近海及江河下游，东达韩国釜山。

90. 短吻三线舌鳎

Cynoglossus abbreviatus (Gray)

学　　名：	*Cynoglossus abbreviatus*（Gray，1834）	分类地位：	鲽形目 Pleuronectiformes
曾用名 / 俗名：	短吻舌鳎、舌鳎、草鞋底、鞋底鱼、玉秃、龙利鱼、细鳞		舌鳎科 Cynoglossidae
			舌鳎属 *Cynoglossus*

形态特征： 体侧扁且较高。头短而高，吻端卵圆形。吻钩短，向后达有眼侧前鼻孔的下方。两眼相距略宽，眼间隔平或微凹，被 5—6 行小栉鳞。口不对称，口裂呈半月形。有眼侧两颌无齿，无眼侧两颌齿细绒毛状，呈窄带状排列。前鳃盖后缘不游离。体两侧被小栉鳞。有眼侧有侧线 3 条。上、中侧线间横列鳞 18—20 个，鳃孔后侧线鳞 112—114 个，无眼侧无侧线。背鳍和臀鳍皆与尾鳍相连。背鳍始于吻端稍上方，臀鳍始于鳃盖后缘的下方。无胸鳍。有眼侧腹鳍胸位，且与臀鳍相连，无眼侧无腹鳍。尾鳍尖形。有眼侧体为褐色，奇鳍为暗褐色。无眼侧体为白色。

生态习性： 暖温带浅海中型底层鱼类，记载最大体长可达 380mm。栖息于暖温带浅海和河口。喜生活于泥砂质海底，以小虾及小型蟹类等为食。

分　　布： 温州见于河口及浅海。我国分布于东部沿海，少数可达珠江口附近。

主要参考文献

陈锋，赵先富，赵进勇，等，2012. 瓯江鱼类资源调查及保护对策［J］. 长江流域资源与环境，21（8）：934-941.
陈宜瑜，1998. 中国动物志 硬骨鱼纲 鲤形目（中卷）［M］. 北京：科学出版社.
陈毅峰，何舜平，何长才，1993. 中国淡水鱼类原色图集（第三集）［M］. 上海：上海科学技术出版社.
陈咏霞，刘静，刘龙，2014. 中国鲷科鱼类骨骼系统比较及属种间分类地位探讨［J］. 水产学报，38（9）：1360-1374.
陈咏霞，2007. 我国鳅属及其邻近属鱼类的分类学整理和分子进化［D］. 中国科学院研究生院（水生生物研究所）.
陈志俭，艾为民，2016. 楠溪江鱼类图谱［M］. 北京：中国农业科学技术出版社.
成庆泰，郑葆珊，1987. 中国鱼类系统检索（上、下册）［M］. 北京：科学出版社.
褚新洛，郑葆珊，戴定远，等，1999. 中国动物志 硬骨鱼纲 鲇形目［M］. 北京：科学出版社.
符宁平，闫彦，2009. 浙江八大水系［M］. 杭州：浙江大学出版社.
蒋志刚，江建平，王跃招，等，2016. 中国脊椎动物红色名录［J］. 生物多样性，24（5）：500-551.
乐佩琦，陈宜瑜，1998. 中国濒危动物红皮书 鱼类［M］. 北京：科学出版社.
乐佩琦，1995. 鱊属鱼类的分类整理（鲤形目：鲤科）［J］. 动物分类学报，20（1）：116-123.
乐佩琦，2000. 中国动物志 硬骨鱼纲 鲤形目（下卷）［M］. 北京：科学出版社.
李凯，范正利，刘志坚，等，2017. 瓯江干流温州段鱼类群落结构的季节变化［J］. 浙江海洋学院学报（自然科学版），36（1）：9-13.
李思忠，王惠民，1995. 中国动物志 硬骨鱼纲 鲽形目［M］. 北京：科学出版社.
李思忠，1992. 关于鲌（Culter alburnus）与红鳍鲌（C. erythropterus）的学名问题［J］. 动物分类学报，17（3）：381-384.
刘志坚，李德伟，郭安托，等，2016. 瓯江口春夏季渔业生物种类组成及多样性［J］. 浙江农业科学，57（8）：1325-1327.
罗云林，1994. 鲌属和红鲌属模式种的订正［J］. 水生生物学报，18（1）：45-49.
毛节荣，徐寿山，1991. 浙江动物志 淡水鱼类［M］. 杭州：浙江科学技术出版.
农牧渔业部水产局，中国科学院水生生物研究所，上海自然博物馆，1982. 中国淡水鱼类原色图集（第一集）［M］. 上海：上海科学技术出版社.
农牧渔业部水产局，中国科学院水生生物研究所，上海自然博物馆，1988. 中国淡水鱼类原色图集（第二集）［M］. 上海：上海科学技术出版社.

王丹，赵亚辉，张春光，2005. 中国海鲇属丝鳍海鲇（原"中华海鲇"）的分类学厘定及其性别差异 [J]. 动物学报，51（3）：431-439.

伍汉霖，邵广昭，赖春福，等，2012. 拉汉世界鱼类系统名典 [M]. 基隆：水产出版社.

伍汉霖，2008. 中国动物志 硬骨鱼纲 鲈形目（五）虾虎鱼亚目 [M]. 北京：科学出版社.

徐兆礼，2008. 瓯江口海域夏秋季鱼类多样性 [J]. 生态学报，28（12）：5948-5956.

杨君兴，陈银瑞，1994. 倒刺鲃属鱼类系统分类的研究（鲤形目：鲤科）[D]. 动物学研究，5（4）：1-10.

袁乐洋，2005. 中国光唇鱼属鱼类的分类整理 [M]. 南昌大学生命科学学院.

原居林，练青平，王凯伟，等，2010. 瓯江干流丽水段渔业资源群落结构的季节变化 [J]. 生态学杂志. 29（8）：1585-1590.

赵盛龙，徐汉祥，钟俊生，等，2016. 浙江海洋鱼类志（上、下册）[M]. 杭州：浙江科学技术出版社.

朱松泉，1995. 中国淡水鱼类检索 [M]. 南京：江苏科学技术出版社.

Evermann B W, Shaw T. H., 1927. Fishes from eastern China, with descriptions of new species [J]. Proceedings of the California Academy of Sciences, 16: 97-122.

Liu J, Gao T, Yokogawa K, ZhangY., 2006. Differential population structuring and demographic history of two closely related fish species, Japanese sea bass (*Lateolabrax japonicus*) and spotted sea bass (*Lateolabrax maculatus*) in Northwestern Pacific [J]. Molecular Phylogenetics and Evolution, 39(3): 799-811.

Nelson J S., 2006. Fishes of the world, 4th edition [M]. New Jersey: John Wiley & Sons, Inc.

Tang Q, Liu H, Yang X, Nakajima T. 2005. Molecular and morphological data suggest that *Spinibarbus caldwelli* (Nichols)(Teleostei: Cyprinidae) is a valid species [J]. Ichthyological Research, 52(1): 77-82.

Vasil'eva, E D, Makeeva A P., 2003. Taxonomic status of the Black Amur bream and some remarks on problems of taxonomy of the genera *Megalobrama* and *Sinibrama* (Cyprinidae, Cultrinae) [J]. Journal of Ichthyology, 43(8):582-597.

Wang K F., 1935. Preliminary notes on the fishes of Chekiang [J]. Contributions from the Biological Laboratory of the Science Society of China: Zoological series, 11(1): 1-65.

Yokogawa K., 2013. Nomenclatural reassessment of the sea bass *Lateolabrax maculatus* (McClelland, 1844)(Percichthyidae) and a redescription of the species [J]. Biogeography, 15: 21-32.